中职计算机网络技术与应用研究

许传奎　著

全国百佳图书出版单位
吉林出版集团股份有限公司

图书在版编目(CIP)数据

中职计算机网络技术与应用研究 / 许传奎著.--长
春 ：吉林出版集团股份有限公司，2023.6
ISBN 978-7-5731-3902-3

Ⅰ．①中… Ⅱ．①许… Ⅲ．①计算机网络—中等专业
学校—教材 Ⅳ．①TP393

中国国家版本馆 CIP 数据核字(2023)第 132110 号

中职计算机网络技术与应用研究

ZHONGZHI JISUANJI WANGLUO JISHU YU YINGYONG YANJIU

作　　者：许传奎
责任编辑：欧阳鹏
技术编辑：王会莲
封面设计：豫燕川
开　　本：787mm×1092mm　1/16
字　　数：230 千字
印　　张：11.25
版　　次：2024 年 1 月第 1 版
印　　次：2024 年 1 月第 1 次印刷
出　　版：吉林出版集团股份有限公司
发　　行：吉林出版集团外语教育有限公司
地　　址：长春福祉大路 5788 号龙腾国际大厦 B 座 7 层
电　　话：总编办：0431－81629929
印　　刷：北京银祥印刷有限公司

ISBN 978-7-5731-3902-3　　　　定价：66.00 元

前 言

　　计算机网络是 20 世纪对人类社会产生最深远影响的科技成就之一。随着 Internet 技术的发展和信息基础设施的完善,计算机网络正在改变人们的生活、学习和工作方式,推动社会文明的进步。计算机网络已经成为人们获取和交流信息的一种十分重要、便捷的媒介。计算机网络技术是计算机技术和通信技术密切结合所形成的一个新的技术领域,是当今计算机界公认的主流技术之一,也是迅速发展并在信息社会中得到广泛应用的一门综合性学科。

　　尽管计算机网络技术与应用的发展十分迅猛,但是当我们深入网络技术体系中系统地研究和总结就会发现,计算机网络技术经过几十年的发展,已经形成了相对成熟的知识体系与处理问题的思维方式,这是学习计算机网络技术体系、掌握系统原理以及网络分析设计的基础。本书属于中职计算机网络技术与应用方面的著作,针对职业教育的特点,突出了基础性、先进性、实用性、操作性,注重对学生创新能力、创业能力和实践能力、自学能力等各种应用能力的培养。本书主要内容包括:计算机网络概述、数据通信基础、计算机网络设备、计算机局域网、网络互联与广域网接入技术、无线网络技术、网络管理与安全、下一代网络关键技术。本书也可作为各类计算机培训的教学用书及计算机考试的辅导用书,还可供计算机工作者及爱好者参考使用。

　　在本书的编写过程中,作者参考了大量的相关文献资料,借鉴、引用了诸多专家、学者和教师的研究成果,得到了很多专家学者的支持和帮助,在此深表谢意。由于作者能力有限,加之时间仓促,虽极力丰富本书内容,力求著作的完美无瑕,然而经过多次修改,仍难免有不妥与遗漏之处,恳请广大专家和读者批评指正。

目 录

第一章　计算机网络概述

第一节　计算机网络的概念

一、计算机网络的基本概念

21世纪是信息高速发展的时代，网络已经深入到生活的方方面面。那么，什么是计算机网络呢？计算机网络的定义没有统一的标准，在计算机网络发展过程的不同阶段，人们对计算机网络提出了不同的定义。从目前计算机网络的特点来看，资源共享的观点比较准确地描述计算机网络的基本特征。

资源共享观点将计算机网络定义为以能够相互共享资源的方式互联起来的自治计算机系统的集合。

二、计算机网络的功能

（一）资源共享

计算机的许多资源是十分昂贵的，不可能为每个用户所拥有。计算机网络建立的主要目的是实现计算机网络资源的共享，这些可共享的资源主要包括硬件、软件和数据。网络用户不但可以使用本地计算机资源，而且可以通过网络访问互联网的远程计算机资源，还可以调用网络中的多台计算机共同完成某项任务。

（二）数据交换和通信

计算机网络为文字信件、新闻消息、咨询信息、图片资料、报纸版面等提供了快速在计算机与终端、计算机与计算机之间进行传递的渠道。利用这一特点，可实现将分散在各个地区单位或部门的信息用计算机网络联系起来，进行统一的调配、控制和管理。

（三）提高性能

网络中的每台计算机都可通过网络相互成为后备机。一旦某台计算机出现故障，它的任务就可由其他的计算机代为完成，这样可以避免在单机情况下，一台计算机发生故障引起整个系统瘫痪的现象，从而提高系统的可靠性。而当网络中的某台计算机负担过重时，网络又可以将新的任务交给较空闲的计算机完成，均衡负载，从而提高了每台计算机的可用性。

（四）分布处理与均衡负载

当某台计算机负担过重时，或该计算机正在处理某项工作时，网络可将新任务转交给空闲的其他计算机来完成，这样处理能均衡各计算机的负载，提高处理问题的实时性。对大型综合性问题，可将问题各部分交给不同的计算机分别处理，充分利用网络资源，扩大计算机的处理能力,即增强实用性。对解决复杂问题来讲,多台计算机联合使用并构成高性能的计算机体系,这种协同工作、并行处理要比单独购置高性能的大型计算机便宜得多。

三、计算机网络的形成

(一)以主机为中心的联机系统

计算机网络主要是计算机技术和信息技术相结合的产物,在20世纪50年代以前,因为计算机主机相当昂贵,而通信线路和通信设备相对便宜,为了共享计算机主机资源和进行信息的综合处理,形成了第一代的以主机为中心的联机终端系统。

在第一代计算机网络中,因为所有的终端共享主机资源,所以终端到主机都单独占一条线路,使得线路利用率低,而且因为主机既要负责通信又要负责数据处理,所以主机的效率低,而且这种网络组织形式是集中控制形式,可靠性较低,如果主机出问题,所有终端都会被迫停止工作。面对这样的情况,当时人们提出了这样的改进方法,就是在远程终端聚集的地方设置一个终端集中器,把所有的终端聚集到终端集中器,而且终端到集中器之间是低速线路,而终端到主机是高速线路,这样使得主机只要负责数据处理而不要负责通信工作,大大提高了主机的利用率。

(二)计算机——计算机网络

随着计算机的普及和价格的降低以及计算机应用的发展,20世纪60年代中期到70年代中期,出现了许多计算机通过通信系统互连的系统,开创了"计算机——计算机"通信的时代,这样,分布在不同地理位置且具有独立功能的计算机就可以通过通信线路连接起来,相互之间交换数据、传递信息。

(三)分组交换技术的产生

计算机技术发展到一定程度,人们除了打电话直接沟通外,还可以通过计算机和终端实现计算机与计算机之间的通信,但当时传输线路质量不高,网络技术手段还比较单一。因此,人们开始研究一种新的长途数字数据通信的体系结构形式:分组交换。

分组交换将用户通信的数据划分成多个更小的等长数据段,在每个数据段的前面加上必要的控制信息作为数据段的首部,每个带有首部的数据段就构成了一个分组。首部指明了该分组发送的地址,当交换机收到分组之后,将根据首部中的地址信息将分组转发到目的地,这个过程就是分组交换。能够进行分组交换的通信网被称为分组交换网。

分组交换的本质就是存储转发,它将所接受的分组暂时存储下来,在目的方向路由上排队,当它可以发送信息时,再将信息发送到相应的路由上完成转发,其存储转发的过程就是分组交换的过程。

进行分组交换的通信网被称为分组交换网。从交换技术的发展历史看,数据交换经历了电路交换、报文交换、分组交换和综合业务数字交换的发展过程。分组交换实质上是在"存储—转发"基础上发展起来的,它兼有电路交换和报文交换的优点。分组交换在线路上采用动态复用技术传送按一定长度分割为许多小段的数据分组。每个分组标识后,在一条物理线路上采用动态复用的技术,同时传送多个数据分组。把来自用户发送端的数据暂存在交换机的存储器内,接着在网内转发。到达接收端,再去掉分组头将各数据字段按顺序重新装配成完整的报文。分组交换比电路交换的电路利用率高,比报文交换的传输时延小,交互性好。

分组交换网是继电路交换网和报文交换网之后一种新型交换网络,它主要用于数据通信。分组交换是一种存储转发的交换方式,它将用户的报文划分成一定长度的分组,以分组为存储转发,因此,它比电路交换的利用率高,比报文交换的时延要小,而具有实时通信的能力。分组交换利用统计时分复用原理,将一条数据链路复用成多个逻辑信道,最终构成一条主叫、被叫用户之间的信息传送通路,称之为虚电路(VC),以此实现数据的分组传送。

分组交换的基本业务有交换虚电路(SVC)和永久虚电路(PVC)两种。交换虚电路如同电话电路一样,即两个数据终端要通信时先用呼叫程序建立电路(即虚电路),然后发送数据,通信结束后用拆线程序拆除虚电路。永久虚电路如同专线一样,在分组网内两个终端之间在申请合同期间提供永久逻辑连接,无须呼叫建立与拆线程序,在数据传输阶段,与交换虚电路相同。

分组交换数据网是由分组交换机、网络管理中心、远程集中器、分组装拆设备以及传输设备等组成。

分组交换的思想来源于报文交换,报文交换也称为存储转发交换,它们交换过程的本质都是存储转发,所不同的是分组交换的最小信息单位是分组,而报文交换则是一个个报文。由于以较小的分组为单位进行传输和交换,所以分组交换比报文交换快。报文交换主要应用于公用电报网中。

（四）Internet

互联网(Internet)又称国际网络,互联网是网络与网络之间所串连成的庞大网络,这些网络以一组通用的协议相连,形成逻辑上的国际网络。通常 Internet 泛指互联网,而 Internet 则特指因特网。这种将计算机网络互相连接在一起的方法可称作"网络互联",在这基础上发展出覆盖全世界的全球性互联网络称互联网,即是互相连接一起的网络结构。互联网并不等同万维网,万维网是基于超文本相互链接而成的全球性系统,且是互联网所能提供的服务之一。

第二节　计算机网络的分类

计算机网络系统是非常复杂的系统,有多种多样的划分方法,不同类型的网络在性能、结构、用途等方面的特点也是有区别的。

一、按功能分类

按网络的使用用途进行分类,计算机网络可分为公用网和专用网。

（一）公用网

公用网也称为公众网或公共网,是指为公众提供公共网络服务的网络。公用网一般由国家的电信公司出资建造,并由国家政府电信部门进行管理和控制,网络内的传输和转接装置可提供给任何部门和单位使用(需缴纳相应费用)。公用网属于国家基础设施。

公用网络提供分组交换或电路交换服务,有以下几种网络类型。

1.公用电话交换网(PSTN)

公用电话交换网就是我们平常用到的电话传输网络。它是基于模拟技术的电路交换网络。PSTN 的传输速率低、质量差、网络资源利用率低、带宽有限、无存储转发功能、难以实现不同速率设备间的传输,只能用于要求不高的场合。

2.分组交换数据网(X.25)

中国分组交换公用数据网(CHINAPAC)是一种覆盖全国的分组交换网络,其主要协议为 X.25。X.25 是一个数据终端设备(DTE)对公用交换网络的接口规范。X.25 网强调的是为公众提供可靠的服务,它的设计思想侧重于数据传输的可靠性,其误码率很低。X.25 网是一个性能优良的网,允许用户通过一条物理信道获得成百上千条虚电路连接,在网内对传输的信息具有差错控制能力。由于它是具有存储转发并提供各种分组拆装设备的接口,所以允许异步、同步、不同速率的终端互联通信。公用分组交换数据网还提供电子信箱、电子数据交换和可视图文等增值业务。

3.数字数据网(DDN)

数字数据网(DDN)是一个高带宽、高质量的公用数字数据通信网,其传输信息的信道为数字信道。DDN 是数字通信、计算机、光纤、数字交叉等多项技术的综合,可提供和支持多项业务和应用。

4.综合业务数字网(ISDN)

综合业务数字网(ISDN)与电话网、X.25、DDN 一样,是作为一种公用网络设计的。"综合业务"是指其电信业务范围是多种多样的,包含和集合了现有的各种通信网(电话网、分组交换网等)所有的业务。ISDN 既适应电话、图像等实时性要求高的业务,也可以适应数字数据这类具有很强突发性的信息业务,还可适应可能出现的各种性质的业务。在数据传输速率的适应能力上,既能适应低速也能适应高速的用户网络接口传输速率,还可适应可变速率信息的传输。窄带 ISDN(N-ISDN)提供 164kbit/s 的带宽,其适用的业务范围相当有限,不能适应高速数据、图像业务、高清晰度电视等新业务的需求。ATM 技术是实现宽带 ISDN 的核心技术。ATM(Asynchronous Transfer Mode)顾名思义就是异步传输模式,光纤的出现奠定了 ATM 发展的基础,光纤的容量能够满足 ATM 速度的需求。

(二)专用网络

在互联网的地址架构中,专用网络是指遵守 RFC1918 和 RFC4193 规范,使用私有 IP 地址空间的网络。私有 IP 无法直接连接互联网,需要公网 IP 转发。与公网 IP 相比,私有 IP 是免费的,也节省了 IP 地址资源,适合在局域网使用。私有 IP 地址在 Internet 中不会被分配。

专用网络是两个企业间的专线连接,这种连接是两个企业的内部网之间的物理连接。专线是两点之间永久的专用电话线连接。和一般的拨号连接不同,专线是一直连通的。这种连接的最大优点就是安全。除了这两个合法连入专用网络的企业,其他任何人和企业都不能进入该网络。所以,专用网络保证了信息流的安全性和完整性。

专用网络的最大缺陷是成本太高,因为专线非常昂贵。每个想要使用专用网络的企业都需要一条独立的专用(电话)线把它们连到一起。

虚拟专用网络(Virtual Private Network,简称VPN)指的是在公用网络上建立专用网络的技术。之所以称其为虚拟网,主要是整个VPN网络的任意两个节点之间的连接并没有传统专网所需的端到端的物理链路,而是架构在公用网络服务商所提供的网络平台,如Internet、ATM(异步传输模式)、Frame Relay(帧中继)等之上的逻辑网络,用户数据在逻辑链路中传输。它涵盖了跨共享网络或公共网络的封装、加密和身份验证链接的专用网络的扩展。VPN主要采用了隧道技术、加解密技术、密钥管理技术和使用者与设备身份认证技术。

二、按地理范围分类

从地理范围划分是一种大家都认可的通用网络划分标准。按这种标准可以把各种网络类型划分为广域网、城域网、局域网、个人区域网和人体区域网五种。

(一)广域网(Wide Area Network,WAN)

1. 广域网概述

广域网(Wide Area Network,缩写为WAN)又称外网、公网,是连接不同地区局域网或城域网计算机通信的远程网。通常跨接很大的物理范围,所覆盖的范围从几十公里到几千公里,它能连接多个地区、城市和国家,或横跨几个洲,并能提供远距离通信,形成国际性的远程网络,广域网并不等同于互联网。

广域网的通信子网主要使用分组交换技术。广域网的通信子网可以利用公用分组交换网、卫星通信网和无线分组交换网,它将分布在不同地区的局域网或计算机系统互连起来,达到资源共享的目的。

2. 广域网的结构

广域网的结构分为通信子网与资源子网,广域网主要是由一些结点交换机和连接这些交换机的链路组成。结点交换机执行将分组存储转发的功能。广域网的链路一般分为传输主干和末端用户线路,根据末端用户线路和广域网类型的不同,有多种接入广域网的技术,并提供各种接口标准。

3. 广域网的特点

广域网主要提供面向通信的服务,支持用户使用计算机进行远距离的信息交换,覆盖范围广,通信的距离远,需要考虑的因素增多,如媒体的成本、线路的冗余、媒体带宽的利用和差错处理等,由电信部门或公司负责组建、管理和维护,并向全社会提供面向通信的有偿服务、流量统计和计费问题。

与覆盖范围较小的局域网相比,广域网的特点在于以下几个方面:①覆盖范围广,可达数千公里甚至全球;②广域网没有固定的拓扑结构;③广域网通常使用高速光纤作为传输介质;④局域网可以作为广域网的终端用户与广域网连接;⑤广域网主干带宽大,但提供给单个终端用户的带宽小;⑥数据传输距离远,往往要经过多个广域网设备转发,延时较长;⑦广域网管理、维护困难。

4. 广域网的类型

广域网可以分为公共传输网络、专用传输网络和无线传输网络。

(1)公共传输网络

公共传输网络一般是由政府电信部门组建、管理和控制,网络内的传输和交换装置可以提供(或租用)给任何部门和单位使用。

(2)专用传输网络

专用传输网络是由一个组织或团体自己建立、使用、控制和维护的私有通信网络。一个专用网络起码要拥有自己的通信和交换设备,它可以建立自己的线路服务,也可以向公用网络或其他专用网络进行租用。

专用传输网络主要是数字数据网(DDN),DDN 可以在两个端点之间建立一条永久的、专用的数字通道,它的特点是在租用该专用线路期间,用户独占该线路的带宽。

(3)无线传输网络

无线传输网络主要是移动无线网,典型的有 GSM 和 GPRS 技术等。

(二)城域网(Metropolitan Area Network,MAN)

1. 城域网概述

城域网又称都市网络,指大型的计算机网络,是介于 LAN 和 WAN 之间能传输语音与资料的公用网络,这些网络通常涵盖一个校园或一座城市。一些常用于城市区网的技术包括异步传输模式(ATM)、光纤分布数据接口(FDDI)、千兆以太网。

城域网能够满足政府机构、金融保险、大中小学校、公司企业等单位对高速率、高质量数据通信业务日益旺盛的需求,特别是快速发展起来的互联网用户群对宽带高速上网的需求。

2. 城域网的特点

传输速率高宽带城域网采用大容量的 Packet Over SDH 传输技术,为高速路由和交换提供传输保障。千兆以太网技术在宽带城域网中的广泛应用,使骨干路由器的端口能高速有效地扩展到分布层交换机上,再由光纤和网线传输到用户桌面,使数据传输速度达到 100M、1000M。

用户投入少,接入简单宽带城域网用户端设备便宜而且普及,可以使用路由器、HUB 甚至普通的网卡。用户只需将光纤、网线进行适当连接,并简单配置用户网卡或路由器的相关参数即可接入宽带城域网。个人用户只要在自己的电脑上安装一块以太网卡,将宽带城域网的接口插入网卡就联网了。安装过程和以前的电话一样,只不过网线代替了电话线,电脑代替了电话机。

技术先进、安全技术上为用户提供了高度安全的服务保障,宽带城域网在网络中提供了第二层的 VLAN 隔离,使安全性得到保障。由于 VLAN 的安全性,只有在用户局域网内的计算机才能互相访问,非用户局域网内的计算机都无法通过非正常途径访问用户的计算机。如果要从网外访问,则必须通过正常的路由和安全体系,因此黑客若想利用底层的漏洞进行破坏是不可能的。虚拟拨号的普通用户通过宽带接入服务器上网,经过账号和密码的验证才可以上网,用户可以非常方便地自行控制上网时间和地点。

3.城域网的应用

①高速上网利用宽带 IP 网频带宽、速度快的特点,用户可以快速访问 Internet 及享受一切相关的互联网服务(包括 WWW、电子邮件、新闻组、BBS、互联网导航、信息搜索、远程文件传送等),端口速度达到 10M 以上。

②互动游戏"互动游戏网"可以享受到 Internet 网上游戏和局域网游戏相结合的全新游戏体验。通过宽带网,即使是相隔一百公里的网友也可以不计流量地相约玩三维联网游戏。

③VOD 视频点播——在家里利用 Web 浏览器随心所欲地点播自己爱看的节目,包括电影精品、流行的电视剧集,还有视频新闻、体育节目、戏曲歌舞、MTV 等。

④网络电视(NETTV)——突破传统的电视模式,跨越时间和空间的约束,在网上实现无限频道的电视收视。通过 Web 浏览器的方式直接从网上收看电视节目,克服了现有电视频道受地区及气候等多种因素约束的弊端,而且有利于进行"网络电视剧"的制作和播放。

⑤远程医疗采用先进的数字处理技术和宽带通信技术,让医务人员为远在几百公里或几千公里之外的病人进行诊断和治疗,远程医疗是随着宽带多媒体通信的兴起而发展起来的一种新的医疗手段。

⑥远程会议异地开会不用出差,也不用出门,在高速信息网络上的视频会议系统中,"天涯若比邻"的感觉得到了最完美的诠释。

⑦远程教育从根本上克服了基于电视技术的单向广播式、Web 网页的文本查询式和昂贵得无法进入家庭的会议电视三种方式的缺陷,运用宽带网最新产品和技术,将图、文、声等多媒体信息,以交互的方式进入普通家庭、学校和企事业单位,学生可通过宽带网在家收看教学节目并可与教师实时交互;可上 Internet 查资料,以 Email 电子邮件等方式布置作业、交作业,解答提问等;缺课可检索课程数据库以 VOD 方式播放教师讲课录像等。

⑧远程监控对远程的系统或其他东西进行监控,授权用户通过 Web 进行镜头的转动、调焦等操作,实现实时的监控管理功能,监控系统采用数字监控方式。数字监控方式很好地与计算机网络结合在一起,充分发挥宽带城域网的带宽优势,这是未来监控系统发展的流行趋势。

⑨家庭证券交易系统——可在家里进行证券交易,不但可以实时查阅深、沪股市行情,获取全面及时的金融信息,还可以通过多种分析工具进行即时分析,并可进行网上实时下单交易,参考专家股评。

宽带业务还可为广大用户提供 Internet 信息浏览、信息查询、收发电子邮件、网上游戏、多媒体网上教育、视音频点播等多项服务。

(三)局域网(Local Area Network,LAN)

1.局域网概述

局域网是一种在有限的地理范围内将大量 PC 机及各种设备互连在一起,以实现数据传输和资源共享的计算机网络。社会对信息资源的广泛需求及计算机技术的广泛普及,促进了局域网技术的迅猛发展。在当今的计算机网络技术中,局域网技术已经占据了十分重要的地位。

通俗地说,局域网就是一个计算机网络联系的地区范围不大,譬如说在一座办公大楼中,一个工矿企业的一群建筑物和现场中,或者一所校园中,其范围在几公里或十几公里以内。如果简要些,也可以这样来表述,局域网就是在小范围内将各种数据通信设备互连起来,进行数据通信和资源共享的计算机网络。

2. 局域网的分类

局域网可分成以下三大类:①平时常说的局域网 LAN;②采用电路交换技术的局域网又称计算机交换机 CBX(Computer Branch eXchange)或 PBX(Private Branch eXchange);③新发展的高速局域网 HSLN(High Speed Local Network)。

3. 局域网的特点

区别于一般的广域网(WAN),局域网(LAN)具有以下特点:①地理分布范围较小,一般为数百米至数公里,可覆盖一幢大楼、一所校园或一个企业;②数据传输速率高,一般为 0.1Mbps～100Mbps,目前已出现速率高达 1000Mbps 的局域网。可交换各类数字和非数字(如语音、图像、视频等)信息;③误码率低,这是因为局域网通常采用短距离基带传输,可以使用高质量的传输媒体,从而提高了数据传输质量;④以 PC 机为主体,包括终端及各种外设,网中一般不设中央主机系统;⑤一般包含 OSI 参考模型中的低三层功能,即涉及通信子网的内容;⑥协议简单、结构灵活、建网成本低、周期短、便于管理和扩充。

4. 局域网的传输媒体

(1)基带系统

使用数字信号传输的 LAN 定义为基带 LAN。数字信号通常采用曼彻斯特编码传输,媒体的整个带宽用于单信道的信号传输,不采用频分多路复用技术。数字信号传输要求用总线型拓扑,因为数字信号不易通过树形拓扑所要求的分裂器和连接器。基带系统只能延伸数公里的距离,这是由于信号的衰减会引起脉冲减弱和模糊,以致无法实现更大距离上的通信。基带传输是双向的,媒体上任意一点加入的信号沿两个方向传输到两端的端接器(即终端接收阻抗器),并在那里被吸收。

(2)宽带系统

在 LAN 范围内,宽带一般用于传输模拟信号,这些模拟载波信号工作在高频范围(通常为 10MHz～400MHz),因而可用 FDM 技术把宽带电缆的带宽分成多个信道或频段。宽带系统采用总线/树形拓扑结构,可以达到比基带大得多的传输距离(达数十公里),这是因为携带数字数据的模拟信号,在噪声和衰减损失数据之前,可以传播较长的距离。

宽带同基带一样,系统中的站点是通过端头接入电缆的,但是,与基带不同的是宽带本质上是一种单方向传输的媒体,加到媒体上的信号只能沿一个方向传播。这种单向性质意味着只有处于发送站"下游"的站点才能接收到发送站的信号。因此需有两条数据路径,这些路径在网络的端头处接在一起。对于总线拓扑,端头就是总线的一端;对于树形拓扑,端头具有分枝的树根。所有站沿一条路径(入径)向端头传输,在端头接收到的信号,再沿另一条数据路径(出径)离开端头传输,所有的站点都在出径上接收。

在物理上,可用双电缆和中分(Midsplit)两种不同的结构来实现输入和输出的通路。在双电费结构中,入径和出径是分开的两根电缆,两者间的端头只是一个无源连接装置,每个站点以相同的频率发送和接收。在中分构造中,入径和出径是同一电缆上的不同频率,双向放大器传送较低频率(5MHz～116MHz)的入径和较高频率(168MHz～300MHz)的出径。端头包含一个称为频率转换器的装置,将入径频率转换为出径频率。频率转换器可以是模拟装置也可以是数字装置,模拟装置只要把信号转换成一个新的频率并重发就可以了,而数字装置则先要在端头恢复数字数据,然后再在新的频率上重发净化了的数据。

5.局域网的媒体访问控制方法

在环形或总线拓扑中,由于只有一条物理传输通道连接所有的设备,所以连到网络上的所有设备必须遵循一定的规则才能确保传输媒体的正常访问和使用。常用的媒体访问控制方法有具有冲突检测的载波监听多路访问 CSMA/CD(Carrier Sense Multiple Access/Collision Detection)、控制令牌(Control Token)及时槽环(Slotted Ring)三种技术。

(1)具有冲突检测的载波监听多路访问 CSMA/CD

具有冲突检测的载波监听多路访问 CSMA/CD 采用随机访问和竞争技术,这种技术只用于总线拓扑结构网络。CSMA/CD 结构将所有的设备都直接连到同一条物理信道上,该信道负责任何两个设备之间的全部数据传送,因此称信道是以"多路访问"方式进行操作的。站点以帧的形式发送数据,帧的头部含有目的和源点的地址。帧在信道上以广播方式传输,所有连接在信道上的设备随时都能检测到该帧。当目的地站点检测到目的地址为本站地址的帧时,就接收帧中所携带的数据,并按规定的链路协议给源站点返回一个响应。

采用这种操作方法时,在信道上可能有两个或更多的设备在同一瞬间都会发送帧,从而在信道上千万帧的重叠而出现并有差错,这种现象称为冲突。为减少这种冲突,源站点在发送帧之前,首先要监听信道上是否有其他站点发送的载波信号(即进行"载波监听"),若监听到信道上有载波信号则推迟发送,直到信道恢复到安静(空闲)为止。另外,还要采用边发送边监听的技术(即"冲突检测"),若监听到干扰信号,就表示检测到冲突,于是就要立即停止发送。为了确保冲突的其他站点知道发生了冲突,首先在短时间里持续发送一串阻塞(Jam)码,卷入冲突的站点则等待一随机时间,然后准备重发受到冲突影响的帧。这种技术对发生冲突的传输能迅速发现并立即停止发送,因此能明显减少冲突次数和冲突时间。

(2)控制令牌

控制令牌是另一种传输媒体访问控制方法,它是按照所有站点共同理解和遵守的规则,从一个站点到另一个站点传递控制令牌,一个站点只有当它占有令牌时,才能发送数据端帧,发完帧后,即把令牌传递到下一个站点。

(四)个人局域网(Personal Area Network,PAN)

1.个人局域网概述

个人局域网就是在个人工作的地方把属于个人使用的电子设备(如便携式电脑等)用无

线技术连接起来的网络,因此也常称为无线个人局域网 WPAN(Wireless PAN)。

PAN 核心思想是用无线电或红外线代替传统的有线电缆,实现个人信息终端的智能化互联,组建个人化的信息网络。从计算机网络的角度来看,PAN 是一个局域网;从电信网络的角度来看,PAN 是一个接入网,因此有人把 PAN 称为电信网络"最后一米"的解决方案。

2. 原理与方法

PAN 的实现技术主要有 Bluetooth、IrDA、Home RF、ZigBee、WirelessHart 与 UWB(Ultra—Wideband Radio)六种。

3. IrDA

红外线数据标准协会 IrDA(Infrared Data Association)成立于 1993 年,是非营利性组织,致力于建立无线传播连接的国际标准,目前在全球拥有 160 个会员,参与的厂商包括计算机及通信硬件、软件及电信公司等。简单地讲,IrDA 是一种利用红外线进行点对点通信的技术,其相应的软件和硬件技术都已比较成熟。

面对其他技术的挑战,IrDA 并没有停滞不前。除了传输速率由原来的 FIR(Fast Infrared)的 4Mb/s 提高到最新 VFIR 的 16Mb/s 标准;接收角度也由传统的 30 度扩展到 120 度。这样,在台式电脑上采用低功耗、小体积、移动余度较大的含有 IrDA 接口的键盘、鼠标就有了基本的技术保障。同时,由于 Internet 的迅猛发展和图形文件逐渐增多,IrDA 的高速率传输优势在扫描仪和数码相机等图形处理设备中更可大显身手。

(五)人体局域网(Body Area Networks,BAN)

BAN 是以人体周围的设备例如随身携带的手表、传感器以及手机等,以及人体内部(即植入设备)等为对象的无线通信专用系统。目前,BAN 所使用的频带尚未确定,但 400 兆赫兹频带以及 600 兆赫兹频带已被列入议程。

近年来,随着微电子技术的发展,可穿戴、可植入、可侵入的服务于人的健康监护设备已经出现:如穿戴于指尖的血氧传感器、腕表型血糖传感器、腕表型睡眠品质测量器、睡眠生理检查器、可植入型身份识别组件等。假如没有 BAN,这些传感器和促动器则都只能独立工作,要自带各自的通信部件,因此通信资源不能有效利用。

BAN 是一种可长期监视和记录人体健康信号的基本技术,早期应用主要是用来连续监视和记录慢性病(如糖尿病、哮喘病和心脏病等)患者的健康参数,提供某种方式的自动疗法控制。

三、按使用范围分类

(一)内联网(Intranet)

内联网又称企业内联网,是用因特网技术建立的可支持企事业内部业务处理和信息交流的综合网络信息系统,通常采用一定的安全措施与企事业外部的因特网用户相隔离,对内部用户在信息使用的权限上也有严格的规定。

1. 内联网与因特网

Intranet 与 Internet 相比,可以说 Internet 是面向全球的网络,而 Intranet 则是 Internet 技术在企业机构内部的实现,它能够以极少的成本和时间将一个企业内部的大量信息资源高效合理地传递给每个人。Intranet 为企业提供了一种能充分利用通信线路、经济而有效地建立企业内联网的方案,应用 Intranet,企业可以有效地进行财务管理、供应链管理、进销存管理、客户关系管理等。

过去,只有少数大公司才拥有自己的企业专用网,而现在不同了,借助于 Internet 技术,各个中小型企业都有机会建立起适合自己规模的内联网企业内部网,企业关注 Intranet 的原因是,它只为一个企业内部专有,外部用户不能通过 Internet 对它进行访问。了解 Intranet,首先要了解企业对于网络和信息技术的迫切需求。

2. 内联网 Intranet 的重要性

随着现代企业的发展越来越集团化,企业的分布也越来越广,遍布全国各地甚至跨越国界的公司越来越多,以后的公司将是集团化的大规模、专业性强的公司。这些集团化的公司需要及时了解各地的经营管理状况、制定符合各地不同的经营方向,公司内部人员更需要及时了解公司的策略性变化、公司人事情况、公司业务发展情况以及一些简单但又关键的文档,如通讯录、产品技术规格和价格、公司规章制度等信息。通常的公司使用如员工手册、报价单、办公指南、销售指南一类的印刷品发放。这类印刷品的生产既昂贵又耗时,而且不能直接送到员工手中。另外,这些资料无法经常更新,由于又费时又昂贵,很多公司在规章制度已经变动了的情况下也无法及时准确地通知下属员工执行新的规章。如何保证每个人都拥有最新最正确的版本?如何保证公司成员及时了解公司的策略和其他信息是否有改变?利用过去的技术,这些问题都难以解决。市场竞争激烈、变化快,企业必须经常进行调整和改变,而一些内部印发的资料甚至还未到员工手中就已过时了。浪费的不只是人力和物力,还浪费非常宝贵的时间。

3. Intranet 在企业中的典型应用

Intranet 使各行各业的企业从中受益,利用 Intranet 一定程度地解决了企业战略目标实现上的一些瓶颈问题,如办公效率低下、新产品开发能力不足、生产过程中成本太高或生产计划不合理等。企业将其信息存放于 Web 页面中,使其信息可以得到迅速利用,其信息的制作、打印和传播等费用可大大节省,同时为用户迅速、方便地了解和获取信息提供了一条方便的道路。其在企业中的典型应用包括以下几个方面:①企业的人事资源管理;②企业财务管理;③企业的文档管理及技术资料查询;④企业的产品开发与研制;⑤企业的计算机软件管理。

(二)外联网(Extranet)

外联网(Extranet)是一个使用与互联网同样技术的计算机网络,它通常建立在互联网中并为指定的用户提供信息的共享和交流等服务。

外部网应用互联网与内部网的技术去服务一些对外的企业,包括特定的客户、供应商或生意上的伙伴。21世纪以前,曾经有许多大企业使用企业外部网通过基于万维网浏览器认证的形式对享有权限的用户提供共享和交换数据的服务。这项技术通常被大型企业用于专为商业伙伴或客户提供的各种信息服务,例如:价格表、产品信息、项目合作、备忘录等。

使用者可以通过不同的技术对其进行访问,例如使用 IP 通道,VPN 或者专用拨号网络。

四、按传输介质分类

(一)有线网络(Wired Network)

1.有线网络概述

有线网络是指采用有线传输介质,如双绞线、同轴电缆、光纤等物理介质来传输数据的网络。

2.有线网络的特点

①传输速率高

目前主流的超五类双绞线为例,支持带宽 155MHz,网络传输速率可达 12Mbps,可以满足中小型局域网的各种需求。

②稳定性好

与无线网络比较,受外界环境影响较小,连通性和传输速率比较可靠。

③安全性高

网络传输为端到端的连接,传输通道是物理封闭的,相对于无线"广播"方式,安全系数高。

④成本较低

计算机的应用日益普及,网络设备的投资越来越低。

3.有线网络控制系统中存在的问题

有线网络控制系统中主要存在时延、三包、多包、乱序等问题,这些问题的出现在一定程度上会降低系统的性能,使系统的稳定范围变窄,严重时甚至使系统失稳。

(二)无线网络(Wireless network)

1.无线网络的概念

近年来,由于无线通信技术的发展,出现了移动上网、无线 Internet。尤其是 10/100Mbps 无线局域网络的推出,使无线网络出现了新的生机。

无线网络采用与有线网络同样的工作方法,它们按 PC、服务器、工作站、网络操作系统、无线适配器和访问点通过电缆连接建立网络。

无线局域网络是指以无线信道作为传输媒介的计算机局域网(Wireless Local Area Network,WLAN)。

计算机无线联网方式是有线联网方式的一种补充,它是在有线网的基础上发展起来的,使网上的计算机具有可移动性,能快速、方便地解决以有线方式不易实现的网络信道的连通问题。

无线联网要解决以下两个主要问题：①通信信道的实现与性能；②提供像有线网络系统那样的网络服务功能。

对于第一点的基本要求是：工作稳定、数据传输率高（大于1Mbps）、抗干扰、误码率低、频道利用率高、具有保密性和收发的单一性、可以进行有效的数据提取。

对于第二点的基本要求是：现有的网络系统应能在其中运行，即要兼容有线网络的软件，使用户能透明地操作而无须考虑网络环境。

2.无线网络的特点

总的来说，无线网络相比传统有线网络的特点主要体现在以下两个方面。

（1）无线网络组网更加灵活

无线网络使用无线信号通信，网络接入更加灵活，只要有信号的地方都可以随时随地将网络设备接入到企业内网。因此在企业内网应用需要移动办公或即时演示时，无线网络优势更加明显。

（2）无线网络规模升级更加方便

无线网络终端设备接入数量限制更少，相比有线网络一个接口对应一个设备，无线路由器容许多个无线终端设备同时接入到无线网络，因此在企业网络规模升级时无线网络优势更加明显。

3.无线网络的类型

由于计算机主流产品已不采用EISA总线，根据使用技术的不同，可把无线网络分为三种类型：无线LAN、扩展LAN和移动计算，其主要区别在于传输设施。无线LAN和扩展LAN使用的是所在的公司自有的发送器和接收器，而移动计算使用的是公用通信公司所提供的服务。

（1）无线LAN

无线LAN主要包括红外传输、激光传输、窄带无线传输与扩展无线传输。

（2）扩展LAN的传输技术

扩展LAN的传输技术主要包括无线网桥和远距离网桥。

（3）移动计算

移动计算是指移动无线网络使用电话公司和公共服务来发送和接收信号，主要包括分组无线通信、蜂窝网络和卫星站。

需要经常变换工作地点的人员可以使用便携计算机或者个人数字助理（PDA）来交换电子邮件、文件和其他信息，移动通信的数据传输速率在8kbps～19.2kbps之间。

五、按企业公司管理分类

（一）服务器/客户机网络

服务器/客户机网络是指客户机向服务器发出请求并以此获得服务的一种网络形式。

它是一种较为常用且比较重要的网络类型,在该网络类型中,服务器一般使用高性能的计算机系统,它是为网络提供资源、控制管理或专门用于服务的计算机系统。服务器一般有文件服务器、打印服务器、邮件服务器、通信服务器、数据库服务器等。客户机也称为工作站,是指接入网络的计算机,它接受网络服务器的控制和管理,能够共享网络上的各种资源。

在服务器/客户机网络中,所有数据的存储和运行都在服务器上,输入和输出都是在客户机上,因此方便于数据集中管理,且安全性能够得到保证。但也由于其所有数据的存储和运行都在服务器上,所以服务器的负载会很大。另外,网络的性能受到服务器性能及客户机数量的影响,当服务器性能较差或客户机数量较多时,网络的性能将严重下降。

(二)对等网络

对等网络又称工作组,在对等网络中各台计算机具有相同的功能,无主从之分,即不需要专门的服务器,任何一台计算机既可以作为服务器,设定共享资源供网络中的其他计算机所使用,又可以作为工作站,它是小型局域网常用的组网方式之一。

第三节　计算机网络的体系结构

一、网络的层次体系结构

(一)网络协议的重要性

计算机网络是一个非常复杂的系统,它是由多个互连的结点组成的,结点之间需要不断地交换数据与控制信息。要做到有条不紊地工作,每个结点都必须遵守一些提前约定好的规则。

所有规则的目的和功能是一样的,都是保证网络上的信息能畅通无阻、准确无误地传输到目的地。

(二)网络协议的要素

网络协议就是为网络数据交换而制定的规则、约定和标准。它包含以下三方面的要素。

①语法(Syntax):包括数据格式、编码及信号电平等。

②语义(Semantics):包括用于协议和差错处理的控制信息。

③同步(Timing):包括速度匹配和排序。

(三)协议的分层结构

1.协议分层结构

协议分层结构的思想是用一个模块的集合来完成不同的通信功能,以简化设计的复杂性,大多数的网络都按照层次的方式来组织,每一层完成特定的功能,每一层都建立在它的下层之上。

2.层次结构的优点

①各层次之间相互独立,复杂度降低;②结构上可以分隔开,各层都可以采用最合适的技术来实现;③易于实现和维护,系统已经被分解为若干个相对独立的子系统;④灵活性好,

一层发生变化不影响其他各层;⑤能促进标准化工作,每一层的功能及其所提供的服务都有详细的说明。

3.选择通信协议的原则

①所选择的协议要与网络结构和功能相一致;②除特殊情况外,一个网络应该尽量只选择一种通信协议;③每个版本的协议都有它最适合的网络环境;④必须使用相同的通信协议,两台实现互联的计算机之间才能够进行通信。

4.几个重要的概念

①实体:每一层中活动的元素称为实体,可以是软件,如进程,也可以是硬件,如芯片等。

②对等实体:不同机器上位于同一层次、完成相同功能的实体。

③服务:在网络分层结构模型中,每一层为相邻的上一层所提供的功能称为服务。

④接口:服务是通过接口完成,在同一系统中相邻两层实体进行交互的地方,通常称为服务访问点 SAP(Service Access Point)。每个 SAP 都有一个标识,称之为端口(Port)正是通过接口和服务将各层的协议连接为整体,完成网络通信的全部功能。

5.数据单元

上下层实体之间交换的数据传输单元称为数据单元。数据单元分为以下三种。

(1)协议数据单元(Protocol Data Unit)

它是在不同系统的对等层实体之间根据协议所交换的数据单位。n 层的 PDU 通常表示为(n)PDU。协议数据单元包括改成用户数据和该层的协议控制信息(PCI,Protocol Control Information)。

(2)接口数据单元(Interface Data Unit)

它是在同一个系统的相邻两层实体之间通过接口所交换的数据单元。接口数据单元(PDU)由两部分组成:一部分是经过接口的 PDU 本身,另一部分是接口控制信息(ICI,Interface Control Information)。ICI 是对 PDU 怎样通过接口的说明,仅 PDU 通过接口是有用。

(3)服务数据单元(Service Data Unit)

服务数据单元(SDU)是为了实现上一层实体请求的功能,下层实体服务所需设置的数据单元,一个服务数据单元就是一个服务所要传送的逻辑数据单位。

6.网络体系结构

(1)网络体系结构的概念

网络体系结构(Network Architecture)是指网络层次结构模型与各层协议的集合。网络体系结构对计算机网络应该实现的功能进行精确的定义,而这些功能是用哪种硬件与软件来完成是具体实现问题,体系结构是抽象的,而实现是具体的,它是指运行的一些硬件和软件。

(2)体系结构的功能

连接源节点和目的节点的物理传输线路,可以经过中间节点,每条线路两端的节点应当进行二进制通信,保证无差错的信息传输,多个用户共享一条物理线路。路由选择。

(3)网络体系结构的特点

以功能作为划分层次的基础,第 N 层的实体在实现自身定义的功能时,只能使用第 N−1 层提供的服务,第 N 层向第 N+1 层提供的服务,不仅包括第 N 层本身的功能,还包括由下层服务提供的功能。

(4)网络体系结构的种类

网络体系结构分为开放式和专用式两种:①ISO 的 OSI/RM。②美国国防部的 TCP/IP;IBM 的 SNA、DEC 的 DNA。

以上的网络体系结构中,以 ISO 的 OSI/RM 和美国国防部的 TCP/IP 最为常见,本教材将予以重点讲解。

二、ISO 的 OSI/RM

一开始,各个公司都有自己的网络体系结构,就使得各公司自己生产的各种设备容易互联成网,有助于该公司垄断自己的产品。但是,随着社会的发展,不同网络体系结构的用户迫切要求能互相交换信息。为了使不同体系结构的计算机网络都能互联,国际标准化组织 ISO 于 20 世纪 70 年代成立专门机构研究这个问题。1978 年 ISO 提出了"异种机连网标准"的框架结构,这就是著名的开放系统互联基本参考模型 OSI/RM(Open Systems Interconnection Reference Modle),简称为 OSI。

OSI 得到了国际上的承认,成为其他各种计算机网络体系结构依照的标准,大大地推动了计算机网络的发展。20 世纪 70 年代末到 80 年代初,出现了利用人造通信卫星进行中继的国际通信网络。网络互联技术不断成熟和完善,局域网和网络互联开始商品化。

OSI 参考模型用物理层、数据链路层、网络层、传输层、会话层、表示层和应用层七个层次描述网络的结构,它的规范对所有的厂商是开放的,具有指导国际网络结构和开放系统走向的作用。它直接影响总线、接口和网络的性能。常见的网络体系结构有 FDDI、以太网、令牌环网和快速以太网等。从网络互连的角度看,网络体系结构的关键要素是协议和拓扑。

(一)第一层:物理层(Physical Layer)

规定通信设备的机械的、电气的、功能的和规程的特性,用以建立、维护和拆除物理链路连接。具体地讲,机械特性规定了网络连接时所需接插件的规格尺寸、引脚数量和排列情况等;电气特性规定了在物理连接上传输 bit 流时线路上信号电平的大小、阻抗匹配、传输速率距离限制等;功能特性是指对各个信号先分配确切的信号含义,即定义了 DTE 和 DCE 之间各个线路的功能;规程特性定义了利用信号线进行 bit 流传输的一组操作规程,是指在物理连接的建立、维护、交换信息时,DTE 和 DCE 双方在各电路上的动作系列。

在这一层,数据的单位称为比特(bit)。

物理层的主要设备有:中继器、集线器、适配器。

（二）第二层：数据链路层（DataLink Layer）

在物理层提供比特流服务的基础上，建立相邻结点之间的数据链路，通过差错控制提供数据帧（Frame）在信道上无差错的传输，并进行各电路上的动作系列。

数据链路层在不可靠的物理介质上提供可靠的传输。该层的作用包括：物理地址寻址、数据的成帧、流量控制、数据的检错、重发等。

在这一层，数据的单位称为帧（Frame）。

数据链路层主要设备：二层交换机和网桥。

（三）第三层：网络层（Network Layer）

在计算机网络中进行通信的两个计算机之间可能会经过很多个数据链路，也可能还要经过很多通信子网。网络层的任务就是选择合适的网间路由和交换结点，确保数据及时传送。网络层将数据链路层提供的帧组成数据包，包中封装有网络层包头，其中含有逻辑地址信息——源站点和目的站点地址的网络地址。

如果你在谈论一个 IP 地址，那么你是在处理第三层的问题，这是"数据包"问题，而不是第二层的"帧"。IP 是第三层问题的一部分，此外还有一些路由协议和地址解析协议（ARP）。有关路由的一切事情都在第三层处理。地址解析和路由是第三层的重要目的。网络层还可以实现拥塞控制、网际互联等功能。

在这一层，数据的单位称为数据包（Packet）。

网络层协议的代表包括：IP、IPX、RIP、ARP、RARP、OSPF 等。

网络层主要设备：路由器。

（四）第四层：传输层（Transport Layer）

第四层的数据单元也称作处理信息的传输层（Transport Layer）。但是，当你谈论 TCP 等具体的协议时又有特殊的叫法，TCP 的数据单元称为段（Segments），而 UDP 协议的数据单元称为"数据报（Datagrams）"。这个层负责获取全部信息，因此，它必须跟踪数据单元碎片、乱序到达的数据包和其他在传输过程中可能发生的危险。第四层为上层提供端到端（最终用户到最终用户）的透明的、可靠的数据传输服务。所谓透明的传输是指在通信过程中传输层对上层屏蔽了通信传输系统的具体细节。

传输层协议的代表包括：TCP、UDP、SPX 等。

（五）第五层：会话层（Session Layer）

这一层也可以称为会晤层或对话层，在会话层及以上的高层次中，数据传送的单位不再另外命名，统称为报文。会话层不参与具体的传输，它提供包括访问验证和会话管理在内的建立和维护应用之间通信的机制。如服务器验证用户登录便是由会话层完成的。

（六）第六层：表示层（Presentation Layer）

这一层主要解决用户信息的语法表示问题。它将欲交换的数据从适合于某一用户的抽象语法，转换为适合于 OSI 系统内部使用的传送语法。即提供格式化的表示和转换数据服务。数据的压缩和解压缩，加密和解密等工作都由表示层负责。例如图像格式的显示，就是由位于表示层的协议来支持。

（七）第七层：应用层（Application Layer）

应用层为操作系统或网络应用程序提供访问网络服务的接口。

应用层协议的代表包括：Telnet、FTP、HTTP、SNMP 等。

由于 OSI 体系结构太复杂，在实际应用中 TCP/IP 的四层体系结构得到广泛应用。

三、Internet 的体系结构

Internet 网络体系结构以 TCP/IP 协议为核心。其中 IP 协议用来给各种不同的通信子网或局域网提供一个统一的互连平台，TCP 协议则用来为应用程序提供端到端的通信和控制功能。Internet 并不是一个实际的物理网络或独立的计算机网络，它是世界上各种使用统一 TCP/IP 协议的网络的互联。Internet 已是一个在全球范围内急剧发展且占主导地位的计算机互联网络。

TCP/IP 协议遵守一个四层的模型概念：应用层、传输层、网际层和网络接口层。

（一）网络接口层（Network Access Layer）

模型的最底层是网络接口层，负责数据帧的发送和接收，帧是独立的网络信息传输单元。网络接口层将帧放在网上，或从网上把帧取下来。

（二）网际层（Internet Layer）

互联协议将数据包封装成 Internet 数据报，并运行必要的路由算法。该层包括以下四个互联协议：①网际协议 IP：负责在主机和网络之间寻址和路由数据包。②地址解析协议 ARP：获得同一物理网络中的硬件主机地址。③网际控制消息协议 ICMP：发送消息，并报告有关数据包的传送错误。④互联组管理协议 IGMP：被 IP 主机拿来向本地多路广播路由器报告主机组成员。

（三）传输层（Transport Layer）

传输协议在计算机之间提供通信会话。传输协议的选择根据数据传输方式而定。两个传输协议如下：①传输控制协议 TCP：为应用程序提供可靠的通信连接，适合于一次传输大批数据的情况，同时适用于要求得到响应的应用程序；②用户数据报协议 UDP：提供了无连接通信，且不对传送包进行可靠的保证，适合于一次传输小量数据，可靠性则由应用层来负责。

（四）应用层（Application Layer）

应用程序通过这一层访问网络。应用层包含所有的高层协议，具体如下：①虚拟终端协议（TELNET）：允许一台机器上的用户登录到远程机器上，并进行工作；②文件传输协议（FTP）：提供有效的方法将文件从一台机器上移到另一台机器上；③电子邮件传输协议（SMTP）：用于电子邮件的收发；④域名服务（DNS）：用于把主机名映射到网络地址；⑤网络文件系统（NFS）：FreeBSD 支持的文件系统中的一种，它允许网络中的计算机之间通过 TCP/IP 网络共享资源；⑥超文本传送协议（HTTP）：用于在 WWW 上获取主页；⑦简单网络管理协议(SNMP):支持网络管理系统,用以监测连接到网络上的设备是否有任何引起管理上关注的情况。

四、建议化的参考模型

OSI 参考模型与 TCP/IP 模型的共同之处是:他们都采用了层次结构的概念,在传输层定义了相似的功能,但是两者在层次划分与使用的协议上是有很大差别的,也正是这种差别对两个模型的发展产生的两个截然不同的局面,OSI 参考模型走向消亡,而 TCP/IP 模型得到了发展,原因具体分为以下几个方面。

(一)对 OSI 参考模型的评价

造成 OSI 参考模型不能流行的主要原因之一是其自身的缺陷。会话层在大多数应用中很少用到,表示层几乎是空的。在数据链路层与网络层之间有很多的子层插入,每个子层有不同的功能。OSI 模型将"服务"与"协议"的定义结合起来,使得参考模型变得格外复杂,实现起来很困难。同时,寻址、流控与差错控制在每一层里都重复出现,必然降低系统效率。虚拟终端协议最初安排在表示层,现在安排在应用层。关于数据安全性,加密与网络管理等方面的问题也在参考模型的设计初期被忽略了。参考模型的设计更多是被通信思想所支配,很多选择不适合于计算机与软件的工作方式。很多"原语"在软件的很多高级语言中实现起来很容易,但严格按照层次模型编程的软件效率很低。

(二)TCP/IP 模型的评价

TCP/IP 参考模型与协议也有它自身的缺陷:①它在服务、接口与协议的区别上不清楚。一个好的软件工程应该将功能与实现方法区分开来,TCP/IP 恰恰没有很好地做到这点,这就使得 TCP/IP 参考模型对于使用新技术的指导意义不够。②TCP/IP 的主机一网络层本身并不是实际的一层,它定义了网络层与数据链路层的接口。物理层与数据链路层的划分是必要和合理的,一个好的参考模型应该将它们区分开来,而 TCP/IP 参考模型却没有做到这点。

第四节　计算机网络的组成

一、计算机网络的系统组成

计算机网络系统就是利用通信设备和线路将地理位置不同、功能独立的多个计算机系统互联起来,以功能完善的网络软件实现网络中资源共享和信息传递的系统。通过计算机的互联,实现计算机之间的通信,从而实现计算机系统之间的信息、软件和设备资源的共享以及协同工作等功能,其本质特征在于提供计算机之间的各类资源的高度共享,实现便捷地交流信息和交换思想。

计算机网络系统是由网络硬件和网络软件组成的。在网络系统中,硬件的选择对网络起着决定性的作用,而网络软件则是挖掘网络潜力的工具。

硬件系统是计算机网络的基础,硬件系统由计算机、通信设备、连接设备及辅助设备组成,硬件系统中设备的组合形式决定了计算机网络的类型。下面介绍几种网络中常用的硬件设备。

（一）服务器

服务器是一台速度快、存储量大的计算机,它是网络系统的核心设备,负责网络资源管理和用户服务。服务器可分为文件服务器、远程访问服务器、数据库服务器、打印服务器等,是一台专用或多用途的计算机。在互联网中,服务器之间互通信息,相互提供服务,每台服务器的地位是同等的。服务器需要专门的技术人员对其进行管理和维护,以保证整个网络的正常运行。

（二）工作站

工作站是具有独立处理能力的计算机,它是用户向服务器申请服务的终端设备。用户可以在工作站上处理日常工作,并随时向服务器索取各种信息及数据,请求服务器提供各种服务（如传输文件,打印文件等）。

（三）网卡

网卡又称为网络适配器,它是计算机和计算机之间直接或间接传输介质互相通信的接口,它插在计算机的扩展槽中。一般情况下,无论是服务器还是工作站都应安装网卡。网卡的作用是将计算机与通信设施相连接,将计算机的数字信号转换成通信线路能够传送的电子信号或电磁信号。网卡是物理通信的瓶颈,它的好坏直接影响用户将来的软件使用效果和物理功能的发挥。目前,常用的有 10Mbps、100Mbps 和 10Mbps/100Mbps 自适应网卡,网卡的总线型式有 ISA 和 PCI 两种。

（四）调制解调器

调制解调器（Modem）是一种信号转换装置。它可以把计算机的数字信号"调制"成通信线路的模拟信号,将通信线路的模拟信号"解调"回计算机的数字信号。调制解调器的作用是将计算机与公用电话线相连接,使得现有网络系统以外的计算机用户,能够通过拨号的方式利用公用电话网访问计算机网络系统。这些计算机用户被称为计算机网络的增值用户。增值用户的计算机上可以不安装网卡,但必须配备一个调制解调器。

（五）集线器

集线器（Hub）是局域网中使用的连接设备。它具有多个端口,可连接多台计算机。在局域网中常以集线器为中心,用双绞线将所有分散的工作站与服务器连接在一起,形成星形拓扑结构的局域网系统。这样的网络连接,在网上的某个节点发生故障时,不会影响其他节点的正常工作。

（六）网桥

网桥（Bridge）也是局域网使用的连接设备。网桥的作用是扩展网络的距离,减轻网络的负载。在局域网中每条通信线路的长度和连接的设备数都是有最大限度的,如果超载就会降低网络的工作性能。对于较大的局域网可以采用网桥将负担过重的网络分成多个网络段,当信号通过网桥时,网桥会将非本网段的信号排除掉(即过滤),使网络信号能够更有效地使用信道,从而达到减轻网络负担的目的。由网桥隔开的网络段仍属于同一局域网,网络地址相同,但分段地址不同。

(七)交换机

交换机(Switch)意为"开关"是一种用于电(光)信号转发的网络设备,它可以为接入交换机的任意两个网络节点提供独享的电信号通路,最常见的交换机是以太网交换机。其他常见的还有电话语音交换机、光纤交换机等。交换机内部的 CPU 会在每个端口成功连接时,通过将 MAC 地址和端口对应,形成一张 MAC 表。在今后的通信中,发往该 MAC 地址的数据包将仅送往其对应的端口,而不是所有的端口。因此,交换机可用于划分数据链路层广播,即冲突域;但它不能划分网络层广播,即广播域。

(八)路由器

路由器(Router)是互联网中使用的连接设备。它可以将两个网络连接在一起组成更大的网络。被连接的网络可以是局域网也可以是互联网,连接后的网络都可以称为互联网。路由器不仅有网桥的全部功能,还具有路径的选择功能。路由器可根据网络上信息拥挤的程度,自动地选择适当的线路传递信息。

在互联网中,两台计算机之间传送数据的通路会有很多条,数据包(或分组)从一台计算机出发,中途要经过多个站点才能到达另一台计算机。这些中间站点通常是由路由器组成的,路由器的作用就是为数据包(或分组)选择一条合适的传送路径。用路由器隔开的网络属于不同的局域网地址。

二、计算机网络涉及的软件

网络软件一般是指系统的网络操作系统、网络通信协议和应用级的提供网络服务功能的专用软件。

计算机网络中的软件按其功能可以划分为数据通信软件、网络操作系统和网络应用软件。

(一)数据通信软件

数据通信软件是指按着网络协议的要求,完成通信功能的软件。

(二)网络操作系统

网络操作系统是用于管理网络软、硬资源,提供简单网络管理的系统软件,常见的网络操作系统有 UNIX、Netware、Windows NT、Linux 等。UNIX 是一种强大的分时操作系统,以前在大型机和小型机上使用,已经向 PC 过渡。UNIX 支持 TCP/IP 协议,安全性、可靠性强,缺点是操作使用复杂。常见的 UNIX 操作系统有 SUN 公司的 Solaris、IBM 公司的 AIX、HP 公司 HP UNIX 等。Netware 是 Novell 公司开发的早期局域网操作系统,使用 IPX/SPX 协议,其优点是具有 NDS 目录服务,缺点是操作使用较复杂。WinNT Server 是微软公司为解决 PC 做服务器而设计的，操作简单方便，缺点是安全性、可靠性较差，使用于中小型网络。Linux 是一个免费的网络操作系统，源代码完全开发，是 UNIX 的一个分支，内核基本和 UNIX 一样，具有 WinNT 的界面，操作简单，缺点是应用程序较少。

（三）网络应用软件

网络应用软件是指网络能够为用户提供各种服务的软件。如浏览查询软件，传输软件，远程登录软件，电子邮件等。

网络应用软件的任务是实现网络总体规划所规定的各项业务，提供网络服务和资源共享。网络应用系统有通用和专用之分。通用网络应用软件适用于较广泛的领域和行业，如数据收集系统、数据转发系统和数据库查询系统等。专用网络应用软件只适用于特定的行业和领域，如银行核算、铁路控制、军事指挥等。一个真正实用的、具有较大效益的计算机网络，除了配置上述各种软件外，通常还应在网络协议软件与网络应用系统之间，建立一个完善的网络应用支撑平台，为网络用户创造一个良好的运行环境和开发环境。功能较强的计算机网络通常还设立一些负责全网运行工作的特殊主机系统（如网络管理中心、控制中心、信息中心、测量中心等）。对于这些特殊的主机系统，除了配置各种基本的网络软件外，还要根据它们所承担的网络管理工作编制有关的特殊网络软件。

第二章　数据通信基础

第一节　数据通信概述

一、数据通信系统模型

（一）通信的基本术语

通信的目的是传送消息（message），如语音、文字、图像、视频等都是消息。数据（data）是运送消息的实体，通常是有意义的符号序列，这种信息的表示可用计算机处理或产生。信号（signal）则是数据的电气或电磁的表现。

（二）信号的分类

根据信号中代表消息的参数的取值方式不同，信号可分为模拟信号和数字信号两大类。

1. 模拟信号

也称连续信号，代表消息的参数的取值是连续的，如用户家中的调制解调器（Modem）到电话端之间的用户线上传送的就是模拟信号。

2. 数字信号

也称离散信号，代表消息的参数的取值是离散的，如用户家中的 PC 到调制解调器之间，或在电话网中继线上传送的就是数字信号。在使用时间域（简称为时域）的波形表示数字信号时，代表不同离散数值的基本波形称为码元。在使用二进制编码时，只有两种不同的码元，一种代表 0 状态，另一种代表 1 状态。

（三）数据通信系统的模型

下面通过一个最简单的例子来说明数据通信系统的模型，这个例子就是两个 PC 经过普通电话机的连线，再经过公用电话网进行通信。

一个数据通信系统大致可以划分为三个部分，即源系统（或发送端、发送方）、传输系统（或传输网络）和目的系统（或接收端、接收方）。

1. 源系统

源系统一般包括源点和发送器两个部分。

（1）源点

源点设备产生通信网络要传输的数据，如从 PC 的键盘输入汉字，则输出的是数字比特流。源点又称为源站或信源。

（2）发送器

通常，源点生成的数字比特流要通过发送器编码后才能够在传输系统中进行传输，典型的发送器就是调制器。例如,调制器将计算机输出的数字比特流转换成能够在电话线上传输的模拟信号。现在很多 PC 使用内置的调制解调器(包含调制器和解调器),用户在 PC 外面看不见调制解调器。

2.目的系统

与源系统相对应,目的系统一般包括接收器和终点两个部分。

①接收器

接收传输系统传送过来的信号,并把它转换为能够被目的设备处理的信息。典型的接收器就是解调器,它把来自传输线路上的模拟信号进行解调,提取在发送端置入的消息,还原发送端产生的数字比特流。

②终点

终点设备从接收器获取传送来的数字比特流,然后把信息输出(如把汉字在 PC 屏幕上显示出来)。终点又称为目的站或信宿。

3.传输系统

位于源系统和目的系统之间,它既可以是简单的物理通信线路,如有线介质——同轴电缆、光纤、双绞线,或者无线介质——微波、无线电、红外线等;也可以是连接源系统和目的系统的复杂网络设备,如用于放大和再生信号的中继器,用于实现交叉连接的多路复用器、集线器(hub)和交换机,以及用于通信路径选择的路由器等。

二、数据通信过程

数据从发送端被发送到接收端被接收的整个过程称为通信过程。每次通信包含两个方面的内容,即传输数据和通信控制。通信控制主要执行各种辅助操作,并不交换数据,但这种辅助操作对于交换数据而言是必不可少的。

在此以只使用交换机的传输系统为例,说明数据通信的基本过程。该过程通常被划分为五个阶段,每个阶段包括一组操作,这样的一组操作被称为通信功能。数据通信的五个基本阶段对应五个主要的通信功能。

①建立物理连接:用户将要进行通信的对方(目的方)地址信息告诉交换机,交换机向具有该地址的目的方进行确认,若对方同意通信,则由交换机建立双方通信的物理通道。

②建立数据传输链路:通信双方建立同步联系,使双方设备处于正确的收发状态,通信双方相互核对地址。

③数据传送:数据传输链路建立好后,数据就可以从源节点发送到交换机,再由交换机交换到终端节点。

④数据传输结束:通信双方通过通信控制信息确认此次通信结束,拆除数据链路。

⑤拆除物理连接:由通信双方之一通知交换机本次通信结束,可以拆除物理连接。

三、数据通信系统的性能指标

在数据通信系统中,信号的传送是由数据传输系统来完成的,那么对传输系统的性能如何进行评价是一个重要问题,通常用速率、带宽等指标对数据传输系统进行定量分析。下面介绍常用的七个性能指标。

(一)速率

我们知道,计算机发送出的信号都是数字形式的。比特(bit)是计算机中数据量的单位,也是信息论中使用的信息量的单位。英文单词 bit 来源于 binary digit,意思是一个"二进制数字",因此一个比特就是二进制数字中的一个 1 或 0。网络技术中的速率是指连接在计算机网络上的主机在数字信道上传送数据的速率,它也称为数据率(data rate)或比特率(bit rate)。速率是数据通信系统中最重要的一个性能指标,速率的单位是 b/s(或 bit/s),当数据率较高时,也可以用 Kb/s、Mb/s、Gb/s 或 Tb/s,这里所说的速率往往是指额定速率或标称速率。

(二)带宽

带宽(bandwidth)本来是指某个信号具有的频带宽度,信号的带宽是指该信号所包含的各种不同频率成分所占据的频率范围。例如,在传统的通信线路上传送的电话信号的标准带宽是 3.1kHz(300Hz～3.4kHz,即话音的主要成分的频率范围),这种意义的带宽的单位是赫(或千赫、兆赫、吉赫等)。在过去很长的一段时间,通信的主干线路传送的是模拟信号(即连续变化的信号)。因此,表示通信线路允许通过的信号频带范围就称为线路的带宽(通频带)。

在计算机网络中,带宽用来表示网络的通信线路传送数据的能力,因此网络带宽表示在单位时间内从网络中的某一点到另一点所能通过的"最高数据率"。这里提到的"带宽"主要是指这个意思,这种意义的带宽的单位是"比特每秒",记为 b/s。在"带宽"的两种表述中,前者为频域称谓,后者为时域称谓,其本质是相同的。也就是说,一条通信链路的"带宽"越宽,其所能传输的"最高数据率"也就越高。

(三)吞吐量

吞吐量(throughput)表示在单位时间内通过某个网络(或信道、接口)的数据量,吞吐量用于对现实世界中的网络进行测量,以便知道实际上到底有多少数据量能够通过网络。显然,吞吐量受网络的带宽或网络的额定速率的限制,如对于一个 100Mb/s 的以太网(Ethernet),其额定速率是 100Mb/s,这个数值也是该以太网吞吐量的绝对上限值。因此,对于 100Mb/s 的以太网,其典型的吞吐量可能只有 70Mb/s(有时吞吐量还可用每秒传送的字节数或帧数来表示)。

(四)时延

时延(delay)是指数据(一个报文、分组或比特)从网络(链路)的一端传送到另一端所需的时间,时延是个很重要的性能指标,有时也称为延迟或迟延。

需要注意的是,网络中的时延是由以下几个不同的部分组成的。

1. 发送时延

发送时延(transmission delay)是主机或路由器发送数据帧所需要的时间,也就是从发送数据帧的第一个比特算起,到该帧的最后一个比特发送完毕所需的时间,因此发送时延也叫作"传输时延",发送时延的计算公式如下式所示。

$$发送时延＝数据帧长度/发送速率$$

可知,对于一定的网络,发送时延并非固定不变,而是与发送的帧长(单位是比特)成正比,与发送速率成反比。

2.传播时延

传播时延(propagation delay)是电磁波在信道中传播一定的距离需要花费的时间,传播时延的计算公式如下式所示。

$$传播时延＝信道长度/传播速率$$

电磁波在自由空间的传播速率是光速,即 $3.0×10^5 km/s$。电磁波在网络传输媒体中的传输速率比在自由空间要略低:在铜线电缆中的传播速率约为 $2.3×10^5 km/s$,在光纤中的传播速率约为 $2.0×10^5 km/s$。例如,1000km 长的光纤线路产生的传播时延大约为 5ms。

只有理解发送时延与传播时延发生的地方,才能正确区分两种时延。发送时延发生在机器内部的发送器中(一般发生在网络适配器中),而传播时延则发生在机器外部的传输信道媒体上。可以用一个简单的比喻来说明。假定有 10 辆车的车队从公路收费站入口出发到相距 50km 的目的地,每一辆车过收费站要花费 6s,而车速是每小时 100km。现在可以算出整个车队从收费站到目的地总共要花费的时间,即发车时间共需要 60s(相当于网络中的发送时延),行车时间需要 30min(相当于网络中的传播时延),因此总共花费的时间是 31min。

3.处理时延

主机或路由器在收到分组时要花费一定的时间进行处理,如分析分组的首部、从分组中提取数据部分、进行差错检验或查找适当的路由等,这就产生了处理时延。

4.排队时延

分组在经过网络传输时要经过许多路由器,但分组在进入路由器后要先在输入队列中排队等待处理。在路由器确定了转发接口后,还要在输出队列中排队等待转发,这就产生了排队时延,排队时延的长短往往取决于网络当时的通信量。当网络的通信量很大时会发生队列溢出,使分组丢失,这相当于排队时延为无穷大。

这样,数据在网络中经历的总时延就是以上四种时延之和,即:

$$总时延＝发送时延＋传播时延＋处理时延＋排队时延$$

一般来说,小时延的网络要优于大时延的网络,在某些情况下,一个低速率、小时延网络很可能要优于一个高速率但大时延的网络。

(五)时延带宽积

将衡量网络性能的两个度量——传播时延和带宽相乘,可以得到传播时延带宽积,如下式所示。

$$时延带宽积＝传播时延×带宽$$

(六)往返时延

在数据通信系统中,往返时延(round−trip time)也是一个重要的性能指标,它表示从发送方发送数据开始,到发送方收到来自接收方的确认(接收方收到数据后便立即发送确认),总共经历的时间。在互联网中,往返时延还包括各中间节点的处理时延、排队时延及转发数据时的发送时延。

显然,往返时延与所发送的分组长度有关,发送很长的数据块的往返时延应当比发送很短的数据块的往返时延要多些。当使用卫星通信时,往返时延相对较长。

(七)利用率

利用率有信道利用率和网络利用率两种。信道利用率指出某信道有百分之几的时间是被利用的(有数据通过),完全空闲的信道的利用率是零,网络利用率则是全网络的信道利用率的加权平均值。信道利用率并非越高越好。这是因为根据排队论的理论,当某信道的利用率增大时,该信道引起的时延也就迅速增加。这和高速公路的情况有些相似,当高速公路上的车流量很大时,由于在公路上的某些地方会出现堵塞,因此行车所需的时间就会增加。网络也有类似的情况,当网络的通信量很少时,网络产生的时延并不大。但在网络通信量不断增大的情况下,由于分组在网络节点(路由器或节点交换机)进行处理时需要排队等候,因此网络引起的时延就会增大。如果令 D_0 表示网络空闲时的时延,D 表示网络当前的时延,那么在适当的假定条件下,可以用下式来表示 D 和 D_0 及网络利用率 U 之间的关系。

$$D = D_0 / (1 - U)$$

式中,U 是网络的利用率,数值在 0～1 范围内。当网络的利用率达到其容量的 1/2 时,时延就要加倍。特别值得注意的是,当网络的利用率接近最大值 1 时,网络的时延就趋于无穷大。因此我们必须有这样的概念:信道或网络利用率过高会产生非常大的时延,一些拥有较大主干网的电信运营商通常控制他们的信道利用率不超过 50%,如果超过了就要准备扩容,增大线路的带宽。

第二节　通信的基本方式及传输

一、单工通信方式、半双工通信方式和全双工通信方式

(一)单工通信方式

这种方式只允许数据沿着一个固定的方向传输,数据只能从 A 传输到 B。这种方式主要用于数据采集系统,这时只要求发送方配置调制器,接收方配置解调器。

(二)半双工通信方式

这种方式允许数据沿两个方向传输,但在每一时刻信息只能沿一个方向传输。这里要求通信双方都配置调制器和解调器,或总称为调制解调器。数据信息在一条中速(如2400b/s)线路上传输,还有一条低速(如75b/s)线路用于传输监视信息。监视信息的传输方向与数据信息的传输方向相反。如果接收方收到发送方发来的数据信息后发现有错,便向发送方发出警告信息。

半双工通信方式被广泛应用于计算机网络的非主干线路中。

（三）全双工通信方式

这种方式允许在两个方向上同时传输数据，它相当于把两个传输方向不同的半双工通信方式结合在一起。这种通信方式常用于计算机与计算机之间的通信，这时的传输速率还可进一步提高。

二、并行通信方式与串行通信方式

在计算机内部各部件之间、计算机与各种外部设备之间及计算机与计算机之间都是以通信的方式传递交换数据信息的。数据通信有两种基本方式，即并行传输方式和串行传输方式。通常并行传输用于近距离通信，串行传输用于距离较远的通信。在计算机网络中，串行传输通信更具有普遍意义。

（一）并行通信方式

在并行数据传输中有多个数据位，如8个数据位，同时在两个设备之间传输。

发送设备将8个数据位通过8条数据线传送给接收设备，还可附加一位数据校验位。接收设备可同时接收到这些数据，不用做任何变换就可直接使用。在计算机内部的数据通信中通常以并行方式进行通信。并行的数据传送线也称为总线，如并行传送8位数据就称为8位总线，并行传送16位数据就称为16位总线。并行数据总线的物理形式有多种，但功能都是一样的，如计算机内部直接用印制电路板实现的数据总线、连接软/硬盘驱动器的扁平带状电缆、连接计算机外部设备的圆形多芯屏蔽电缆等。

（二）串行通信方式

并行传输时，需要一根至少有8条数据线（因一个字节是8位）的电缆将两个通信设备连接起来。进行近距离传输时，这种方法的优点是传输速度快、处理简单，但进行远距离数据传输时，这种方法的线路费用较高。这种情况下，使用电话线来进行数据传输就经济多了。

用电话线进行通信，就必须使用串行数据传输技术。串行数据传输是指数据是一位一位地在通信线上传输，与同时可传输好几位数据的并行传输相比，串行数据传输的速度要比并行传输慢得多。但由于公用电话系统已形成了一个覆盖面极其广阔的网络，所以，使用电话网以串行传输方式通信，对于计算机网络来说具有更大的现实意义。将8位并行数据经并－串转换硬件转换成串行方式，再逐位经传输线到达接收站的设备中，并在接收端将数据从串行方式重新转换成并行方式，以供接收方使用。

三、广播式通信与点对点通信

（一）广播式通信

若一台计算机用通信信道发送分组时，所有其他的计算机都能"收听"到该分组，这种通信方式称为"广播式通信"，这种网络称为广播式网络。由于发送的分组中带有目的地址与源地址，接收到该分组的计算机将检查目的地址是否与本地址相同。如果相同，则接收该分组，否则丢弃该分组。在广播式网络中，所有联网计算机都共享一个公共信道，如总线型拓扑网络、环型拓扑网络和集线器组建网等。

（二）点到点式通信

与广播式网络相反，在点到点式网络中，每条物理线路连接一对计算机。两台计算机间可直接通信，若没有直接连接的线路，它们的通信需要通过中间节点的接收、存储、转发直至目的节点，这种通信方式就称为"点到点式通信"，而相应的网络就称为点到点式网络。由于连接多台计算机之间的线路结构可能是复杂的，因此从源节点到目的节点可能存在多条路由，决定分组路由需要路由选择算法。采用分组存储转发与路由选择是点到点式网络与广播式网络的重要区别之一，如各种专用网、虚拟专用网和交换机网等都属于点到点式的通信网络。

四、传输方式

信道上传送的信号有基带（base－band）信号和宽带（broad band）信号之分，与之相对应的数据传输分别称为基带传输和宽带传输。另外，还有解决数字信号在模拟信道中传输时信号失真问题的频带传输。

（一）基带传输

在计算机等数字化设备中，二进制数字序列最方便的电信号形式是数字脉冲信号，即"1"和"0"分别用高（或低）电平和低（或高）电平表示。人们把数字脉冲信号固有的频带称为基带，把数字脉冲信号称为基带信号；在信道上直接传送数据的基带信号称为基带传输。一般来说，基带传输要将信源的数据转换成可直接传输的数字基带信号，这称为信号编码。在发送端，由编码器实现编码；在接收端，由解码器进行解码，恢复成发送端发送的原始数据。基带传输是最简单、最基本的传输方式，常用于局域网中。

（二）宽带传输

宽带信号是将基带信号进行调制后形成的频分复用模拟信号。在宽带传输过程中，各路基带信号经过调制后，其频谱被移至不同的频段，因此在一条电缆中可以同时传送多路数字信号，从而提高线路的利用率。

（三）频带传输

基带信号在实现远距离通信时，经常借助于电话系统。但是如果直接在电话系统中传送基带信号，就会产生严重的信号失真，数据传输的误码率会变得非常高。为了解决数字信号在模拟信道中传输所产生的信号失真问题，需要利用频带传输方式。频带传输是指将数字信号调制成模拟信号后再发送和传输，到达接收端时再把模拟信号解调成原来的数字信号的一种传输方式。因此，在采用频带传输方式时，要求在发送端安装调制器，在接收端安装解调器。在实现全双工通信时，则要求收发端都安装调制解调器。利用频带传输方式不仅可以解决数字信号利用电话系统传输的问题，而且可以实现多路复用。

第三节　通信中的编码技术

在计算机中数据是以离散的二进制"0""1"位序列方式表示的。计算机数据在传输过程中的数据编码类型主要取决于它采用的通信信道所支持的数据通信类型。网络中常用的通信信道分为两类，即模拟通信信道与数字通信信道。相应地，用于数据通信的数据编码方式也分为两类，即模拟数据编码与数字数据编码，这两种编码方式在网络中也经常用到。其中，模拟数据编码包括幅移键控（Amplitude Shift Keying，ASK）、频移键控（Frequency Shift Keying，FSK）、相移键控（Phase Shift Keying，PSK），数字数据编码包括不归零制编码、曼彻斯特编码和差分曼彻斯特编码。

一、模拟数据编码方法

典型的模拟通信信道是电话通信信道。它是当前世界上覆盖面较广、应用较普遍的通信信道之一。传统的电话通信信道是为传输语音信号设计的，只适用于传输音频范围（300～3400Hz）的模拟信号，无法直接传输计算机的数字数据信号。为了利用模拟语音通信的电话交换网实现计算机的数字数据信号的传输，必须先将数字信号转换成模拟信号。将发送端数字数据信号变换成模拟数据信号的过程称为调制，将调制设备称为调制器；将接收端模拟数据信号还原成数字数据信号的过程称为解调，将解调设备称为解调器。同时具备调制与解调功能的设备称为调制解调器。

模拟信号传输的基础是载波，载波具有三个要素，即幅度、频率和相位，因此模拟数据可以针对载波的不同要素或它们的组合进行调制。数字调制的三种基本形式分为幅移键控（ASK）、频移键控（FSK）及相移键控（PSK）。

二、数字数据编码方法

在数据通信技术中，利用模拟通信信道，通过调制解调器传输模拟数据信号的方法叫作宽带传输，利用数字通信信道直接传输数字数据信号的方法叫作基带传输。宽带传输的优点是可以利用以前覆盖面最广、普遍应用的模拟语音通信信道。用于语音通信的电话交换网技术成熟，造价较低；其缺点是数据传输速率较低，系统效率低。基带传输在基本不改变数字数据信号频带（即波形）的情况下直接传输数字信号，这样可以达到很高的数据传输速率和系统效率，是目前积极发展与广泛应用的数据通信方式。基带传输中数字数据信号的编码方式主要有不归零制编码、曼彻斯特编码和差分曼彻斯特编码。

（一）不归零制编码

不归零制编码可以规定用负电平表示逻辑"0"，用正电平表示逻辑"1"，也可以用其他表示方法。

不归零制编码的缺点是无法判断数据传输的开始与结束，收发双方不能保持同步。为了保证收发双方的同步，必须在发送不归零制编码的同时，用另一信道同时传送同步时钟信号。

（二）曼彻斯特编码

曼彻斯特编码是目前应用较广泛的编码之一，其编码规则是每一位的周期分为前 T/2 与后 T/2 两部分；前 T/2 传送该位的反码，后 T/2 传送该位的原码。

曼彻斯特编码具有以下优点：①一位的中间有一次电平跳变,两次电平跳变的时间间隔可以是 T/2 或 T,提取电平跳变可以作为收发双方的同步信号,因此曼彻斯特编码信号又被称为"自含时钟编码"信号,发送曼彻斯特编码信号时无须另发同步信号;②曼彻斯特编码信号不含直流成分。曼彻斯特编码信号的缺点是编码效率低。

（三）差分曼彻斯特编码

差分曼彻斯特编码是曼彻斯特编码的改进,它们之间的不同之处主要表现在以下两个方面:①差分曼彻斯特编码每位的中间跳变仅作为同步之用;②差分曼彻斯特编码每位的值,根据其开始边界是否发生跳变来决定每一位开始处出现电平跳变表示二进制"0",不发生跳变表示二进制"1"。

三、模拟数据的数字信号编码

模拟数据的数字信号编码最典型的例子是脉冲编码调制（Pulse Code Modulation, PCM）,也称脉冲调制,是一个把模拟信号转换为二进制数字序列的过程。下面介绍采样定理,然后介绍脉冲编码调制过程。

（一）采样定理

对于一个连续变化的模拟信号,假设其最高频率或带宽为 f_{max}。若对它以周期 T 进行采样取点,则采样频率为 $f = 1/T$。若能满足 $f \geq 2f_{max}$,那么采样后的离散序列就能做到无失真（相对于信号的传输需求而言,信号采样在理论上是绝对存在失真的）地恢复出原始的模拟信号。这就是著名的奈奎斯特采样定理。

可以证明,从频谱的概念出发,若连续模拟信号存在有限的连续频谱,那么采样后的离散序列的频谱也是周期性的,且其基波和连续信号的波形一样,只是幅值相差 1/T 倍,而其周期正是采样周期的倒数 1/T。由此可以得出结论:只要满足采样定理的条件,那么通过一个理想的低通滤波器,就能使采样后的离散序列的频谱和模拟信号的频谱一样,这是模拟信号数字化的理论基础。

（二）脉冲编码调制过程

1. 采样

每隔一定的时间对连续模拟信号进行采样之后,连续模拟信号就成为一系列幅值不同的"离散"的模拟信号。根据采样定理,采样频率 f_s 必须满足 $f \geq 2f_{max}$（f_{max} 是信号最大频率）;但 f 也不能太大,若 f 太大,虽然容易满足采样定理,但会大大增加信息计算量。

2. 量化

这是一个分级过程,把采样所得到的不同振幅的脉冲信号根据振幅大小按照标准量级取值,这样就将脉冲序列转换成数字序列。

3. 编码

用一定位数的二进制码来表示采样序列量化后的振幅。如果有 N 个量化级,那么,就应当至少有 $\log_2 N$ 位的二进制码。PCM 过程由 A/D 转换器实现。在发送端,经过 PCM 过程,把模拟信号转换成二进制数字脉冲序列,然后发送到信道上进行传输。在接收端,首先经 D/A 转换器译码,将二进制数码转换成代表原模拟信号的幅度不等的量化脉冲,再经低通滤波器即可还原出原始模拟信号。由于在量化过程中会产生误差,所以根据具体的精度要求,适当增加量化级数即可满足信噪比的要求。以前,能够提供 A/D、D/A 转换器功能的集成化器件产品有很多,用户可以根据具体要求适当进行选择。

第四节 复用技术

复用技术是一种将若干个彼此独立的信号合并为一个可在同一信道上传输且不互相干扰的技术。例如,在电话系统中,传输的语音信号的频率范围为 300 Hz～3400 Hz,为了使若干个语音信号能在同一信道上同时传输,可以将它们的频谱调制到不同的频段上,合并在一起传输,在接收端再将彼此分离开来。而且,当前的通信内容已不再是单纯的语音,越来越多的是多媒体信息,通信容量日趋膨胀,为了提高信道的利用率,增大信道的传输容量,只有采用复用技术才能满足这种需要。

目前主要有以下四种复用技术,即频分复用、波分复用、时分复用和码分复用。另外,ITU 制定了宽带码分多址(Wideband Code Division Multiplexing Access,WCDMA)技术。

一、频分复用

频分复用(Frequency Division Multiplexing,FDM)是指把传输线的总频带划分成若干个分频带,以提供多条数据传输信道,其中每条信道以某一固定频率提供给一个固定终端使用。若传输线的全带宽 F 被划分为 N 个信道,则每条信道的带宽为 F/N。注意,各条信道所传输信息的带宽要比 F/N 窄得多,避免相互干扰。

频分复用器含有若干个并行信道,其中每条信道都拥有自己的低通滤波器、调制解调器和带通滤波器。低通滤波器的作用是平滑数据脉冲的陡峭边沿;调制解调器的作用是把终端发来的数据信号变换为调频信号,即把数字信号"1"变换为＋频率的信号,而数字"0"信号则被变换成－频率的信号。对于带通滤波器,由于它只允许指定频率范围的信号通过,因此,在各条信道上的带通滤波器都应拥有自己的通频带,以防止信道间的相互干扰。

频分复用器适用于传输模拟信道,多用于电话系统;所有的信道并行工作,每一路的数据传输都没有时延;设备费用低。但当终端数目较多时,由于分配给每条信道的带宽都较窄,故对带通滤波器的要求较严格,最大传输速率较低。

二、波分复用

波分复用(Wavelength Division Multiplexing,WDM)技术主要用于全光纤网组成的通信系统,是计算机网络系统今后的主要通信传输复用技术之一,类似频分复用,划分成多个波段,以频道不同区分地址,特点是独占频道而共享时间。网络中共享信道的主机分配有控制通道和数据通道。

三、时分复用

时分复用(Time Division Multiplexing,TDM)是按传输信号的时间进行分割,使不同的信号在不同时间内传送,即将整个传输时间划分成许多时间间隔,称为时隙、时间片等,每个时间片被一路信号占用。相当于在同一频率内不同相位上发送和接收信号,而频率共享。换句话说,时分复用就是通过在时间上交叉发送每一路信号的一部分来实现一条电路传送多路信号。因为数字信号是有限个离散值,所以时分复用技术广泛应用于包括计算机网络在内的数字通信系统,而模拟信号的传输一般采用频分复用技术。时分复用又分为同步时分复用和异步时分复用。

(一)同步时分复用

同步时分复用(Synchronous Time Division Multiplexing,STDM)采用固定时间片分配方式,即将传输信号的时间按特定长度连续地划分成特定时间段,再将每一个时间段划分成等长度的多个时隙(时间片),每个时隙以固定的方式分配给各路数字信号,各路数字信号在每一时间段都顺序分配到一个时隙。通常,与复用器相连接的是低速设备,复用器将低速设备送来的在时间上连续的低速率数据经过提高传输速率,将其压缩到对应的时隙,使其变为在时间上间断的高速时分数据,以达到多路低速设备复用高速链路的目的。

所以与复用器相连的低速设备数目及速率受复用传输速率的限制。

由于在同步时分复用方式中,时隙预先分配而且固定不变,无论时间片拥有者是否传输数据都占有一定时隙,形成了时隙浪费,其时隙的利用率很低。为了克服同步时分复用的缺点,引入了异步时分复用技术。

(二)异步时分复用

异步时分复用(Asynchronous Time Division Multiplexing,ATDM)技术又被称为统计时分复用(Statistical Time Division Multiplexing,STDM)或智能时分复用(Intelligent Time Division Multiplexing,ITDM),它能动态地按需分配时隙,避免每个时间段中出现空闲时隙。

异步时分复用就是只有一路用户有数据要发送时才把时隙分配给它,当用户暂停发送数据时不给它分配电路资源(时隙)。电路的空闲时隙可用于其他用户的数据传输。所以每个用户的传输速率可以高于平均速率(即通过多占时隙),最高可达到电路总的传输能力(即占有所有的时隙)。例如,电路总的传输能力为 $28.8kb/s$,3 个用户共用此电路,在同步时分复用方式中,则每个用户的最高速率为 $9600b/s$,而在异步时分复用方式中,每个用户的最高速率为 $28.8kb/s$。

四、码分复用

码分复用(Code Division Multiplexing,CDM)是另一种共享信道的方法。实际上,人们更常用的名词是码分多址(Code Division Multiple Access,CDMA)。每一个用户可以在同样的时间使用同样的频带进行通信。由于各用户使用经过特殊挑选的不同码型,因此各用户之间不会造成干扰。码分复用最初是用于军事通信的,因为这种系统发送的信号有很强的抗干扰能力,其频谱类似于白噪声,不易被敌人发现。随着技术的进步,CDMA 设备的价格和体积都大幅下降,因而现在已广泛应用于民用的移动通信中,特别是在无线局域网中。采用 CDMA 可提高通信的话音质量和数据传输的可靠性,减少干扰对通信的影响,增大通信系统的容量(是使用全球移动通信系统的 4～5 倍),降低手机的平均发射功率等。

第五节 数据交换技术

两个远距离终端设备要进行通信时,可以在它们之间架设一条专用的点到点线路来实现,但这种方案下的通信线路的利用率较低。尤其是在终端数目较多时,要在所有终端之间都建立专用的点到点通信线路(对应于全互联型拓扑结构)是不可能的。实际上广域网的拓扑结构多为部分连接,当两个终端之间没有直连线路时,就必须经过中间节点的转接才能实现通信。这种由中间节点进行转接的通信方式称为交换,中间节点又称为交换节点或转接节点。当网络规模很大时,多个交换节点又可相互连接成交换网络,这样,终端间的通信就可以避免使用专门的点到点连线,而是由交换网络提供一条临时通信路径完成数据传送,这样既节省了线路建设的投资,又提高了线路利用率。

数据交换技术主要有三种,即电路交换、分组交换和报文交换。

一、电路交换

在电话问世后不久,人们发现要让所有的电话机两两相连接是不现实的,两部电话只需要用一对电线就能够互相连接起来。当 5 部电话要两两相连时,则需要 10 对电线。当 N 部电话实现两两相连时,就需要 N(N−1)/2 对电线。在电路连接线路中,电话机的数量越大,两两相连需要的电线数量越大(与电话机数量的平方成正比)。人们认识到,要使每一部电话都能很方便地和另一部电话进行通信,就应使用电话交换机将这些电话连接起来,将每一部电话都连接到交换机上,而交换机使用交换的方法,让电话用户彼此之间可以很方便地通信。

电话交换机虽然经过多次更新换代,但交换的方式一直都是电路交换。

当电话机的数量增多时,就要使用很多彼此连接起来的交换机来完成全网的交换任务。用这样的方法,就构成了覆盖全世界的电信网。

从通信资源的分配角度来看,交换(switching)就是按照某种方式动态地分配传输线路的资源。在使用电路交换打电话之前,必须先拨号请求建立连接。当被叫用户听到交换机传来的振铃音并摘机后,从主叫端到被叫端就建立了一条连接,也就是一条专用的物理通路。这条连接保证了双方通话时所需的通信资源,而这些资源在双方通信时不会被其他用户占用。此后主叫和被叫双方就能互相通电话,此时,主叫端到被叫端的通信资源被占用。

通话完毕挂机后,交换机释放刚才使用的这条专用的物理通路(即把刚才占用的所有通信资源归还给电信网)。

这种必须经过"建立连接(占用通信资源)→通话(一直占用通信资源)→释放连接(归还通信资源)"三个步骤的交换方式称为电路交换。如果用户在拨号呼叫时电信网的资源已不足以支持这次的呼叫,则主叫用户会听到忙音,表示电信网不接受用户的呼叫,用户必须挂机,等待一段时间后再重新拨号。

应当注意的是,用户线是电话用户到所连接的市话交换机的连接线路,是用户独占的传送模拟信号的专用线路,而交换机之间拥有大量话路的中继线(这些传输线路早已数字化)则是许多用户共享的,正在通话的用户只占用了中继线里面的一个话路。电路交换的一个重要特点就是在通话的全部时间内,通话的两个用户始终占用端到端的通信资源。

当使用电路交换来传送计算机数据时,其线路的传输效率往往很低。这是因为计算机数据是突发式地出现在传输线路上的,因此线路上真正用来传送数据的时间往往不到10%,有时甚至低到1%。已被用户占用的通信线路资源在绝大部分时间里都是空闲的。例如,当用户屏幕上的信息或用键盘输入和编辑一份文件时,或计算机正在进行处理而结果尚未返回时,宝贵的通信线路资源并未被利用而是白白浪费了。

二、分组交换

分组交换采用存储转发技术,通常,我们把要发送的整块数据称为一个报文(message)。在发送报文之前,先把较长的报文划分为更小的等长数据段,在每一个数据段前面加上一些必要的控制信息组成的首部(header)后,就构成了一个分组(packet)。分组又称为包,而分组的首部也可称为包头。分组是 Internet 中传送的数据单元。分组中的首部是非常重要的,正是由于分组的首部包含了如目的地址和源地址等重要的控制信息,每一个分组才能在Internet 中独立地选择传输路径,并被正确地交付到分组传输的终点。

Internet 的核心部分是由许多网络和把它们互联起来的路由器组成的,主机处在 Internet 的边缘部分,Internet 核心部分的路由器之间一般用高速链路连接,网络边缘的主机则通过较低速率的链路接入核心部分。

位于网络边缘的主机和位于网络核心部分的路由器的作用不同。主机是为用户进行信息处理的,并且可以和其他主机通过网络交换信息。路由器则是用来转发分组的,即进行分组交换的。路由器收到一个分组,先暂时存储一下,检查其首部,并查找转发表,按照首部中的目的地址,找到合适的接口转发出去,把分组交给下一个路由器。这样一步一步地(有时会经过几十个不同的路由器)以存储转发的方式,把分组交付给最终的目的主机。各路由器之间必须经常交换彼此掌握的路由信息,以便创建和维持在路由器中的转发表,使转发表能在整个网络拓扑发生变化时及时更新。

当我们讨论 Internet 的核心部分中的路由器转发分组的过程时,往往把单个的网络简化成一条链路,而路由器成为核心部分的节点。这种简化图看起来更加突出重点,因为在转发分组时最重要的就是要知道路由器之间是怎样连接起来的。

需要注意的是,路由器暂时存储的是一个个短分组,而不是整个的长报文。短分组是暂存在路由器的存储器(即内存)中而不是存储在磁盘中的,这就保证了较高的交换速率。分组交换在传送数据之前不必先占用一条端到端的通信资源,分组在哪一段链路上传送时,才占用这段链路的通信资源。分组到达一个路由器后,先暂时存储下来,查找转发表,然后从另一条合适的链路转发出去。分组在传输时就这样一段段地断续占用通信资源,并省去了建立连接和释放连接的开销,因而数据的传输效率更高。

Internet 采取了专门的措施,保证了数据的传送具有非常高的可靠性。当网络中的某些节点或链路突然出现故障时,在各路由器中运行的路由选择协议能够自动找到其他路径转发分组。

综上所述可知,采用存储转发的分组交换,实质上采用了在数据通信的过程中断续(或动态)分配传输带宽的策略。这对传送突发式的计算机数据非常合适,使通信线路的利用率大大提高。

为了提高分组交换网的可靠性,Internet 的核心部分常采用网状拓扑结构,这样当发生网络拥塞或少数节点、链路出现故障时,路由器可灵活地改变转发路由而不致引起通信的中断或全网的瘫痪。此外,通信网络的主干线路往往由一些高速链路构成,这样能以较高的数据传输速率迅速地传送计算机数据。

综上所述,分组交换主要的优点可归纳如下:①高效:在分组传输的过程中动态分配传输带宽,对通信链路的逐段占用;②灵活:为每一个分组独立地选择转发路由;③迅速:以分组作为传送单位,可以先不建立连接就能向其他主机发送分组;④可靠:保证可靠性的网络协议;分布式多路由的分组交换网,使网络有很好的生存性。

分组交换也带来一些新的问题,例如,分组在各路由器存储转发时需要排队,这就会造成一定的时延。因此,必须尽量设法减少这种时延。此外,由于分组交换不像电路交换那样通过建立连接来保证通信时所需的各种资源,因而无法确保通信时所需的各种资源,主要是无法确保通信时端到端所需的带宽。

分组交换带来的另一个问题是各分组必须携带控制信息,这也造成了一定的开销,而整个分组交换网还需要专门的管理和控制机制。

应当指出,从本质上讲,这种断续分配传输带宽的存储转发原理并非是完全新的概念。自古代就有的邮政通信,就其本质来说也属于存储转发方式。而在 20 世纪 40 年代,电报通信也采用了基于存储转发原理的报文交换(message switching)。在报文交换中心,一份份电报被接收下来,并穿成纸带。操作员以每份报文为单位,撕下纸带,根据报文的目的站地址,使用相应的发报机转发出去。这种报文交换的时延较长,从几分钟到几小时不等,且现在报文交换已经很少有人使用了。分组交换虽然也采用存储转发原理,但由于使用了计算机进行处理,这就使分组的转发非常迅速。例如,ARPANET 建网初期的经验表明,在正常的网络负荷下,当时横跨美国东西海岸的端到端平均时延小于 0.1s。这样,分组交换虽然采用了某些古老的交换原理,但实际上已成为一种崭新的交换技术。

第六节　差错控制

理想的通信系统在现实中是不存在的,信息传输过程中总会出现差错,差错是指接收端接收到的数据与发送端实际发出的数据出现不一致的现象。

差错控制是指在数据通信过程中发现并检测差错,对差错进行纠正,从而把差错限制在数据传输所允许的尽可能小的范围内的技术和方法。

一、差错产生的原因与类型

通信过程中出现的差错大致可以分为两类:一类是由热噪声引起的随机错误;另一类是由冲击噪声引起的突发错误。

(一)随机错误

通信线路中的热噪声是由电子的热运动产生的,香农关于有噪声信道传输速率的结论就是针对这种噪声的。热噪声时刻存在,具有很宽的频谱,但幅度较小。通信线路的信噪比越高,热噪声引起的差错就越少,这种差错具有随机性。

(二)突发错误

冲击噪声源是外界的电磁干扰,如发动汽车时产生的火花、电焊机引起的电压波动等。冲击噪声持续时间短,但幅度大,往往会引起一个位串出错。根据这个特点,称其为突发性差错。

此外,由于信号幅度和传播速率与相位、频率有关而引起信号失真,以及相邻线路之间发生串音等都会导致严重差错,这些差错也具有突发性。

突发性差错影响局部,而随机性差错总是断续存在,影响全局。所以,计算机网络通信要尽量提高通信设备的信噪比,以达到符合要求的误码率。

此外,要进一步提高传输质量,就需要采取有效的差错控制方法。

二、差错控制的方法

降低误码率,提高传输质量,一方面要提高线路和传输设备的性能和质量,这有赖于更大的投资和技术进步;另一方面则是采用差错控制方法。差错控制是指采取某种手段去发现并纠正传输错误。

发现差错甚至纠正差错的常用方法是对被传送的信息进行适当的编码。它是给信息码元加上冗余码元,并使冗余码元与信息码元之间具备某种关联关系,然后将信息码元和冗余码元一起通过信道发送。接收端接收到这两种码元后,检验它们之间的关联关系是否符合发送端建立的关系,这样就可以校验传输差错,甚至可以对其进行纠正。能检查差错的编码称为检错码(error-detecting code),如奇偶校验码、循环冗余检验码等;能纠正差错的编码称为纠错码(error-correcting code),如汉明码等。纠错码方法虽然有其优越之处,但实现过程复杂,造价高,费时费力,在一般的通信场合不宜采用。检错码方法虽然要通过重传机制达到纠错,但其原理简单,容易实现,编码和解码速度快,因此在网络中被广泛采用。而数据通信系统采用的差错控制方法一般有检错反馈重发、自动纠错、混合方式三种。

(一)检错反馈重发

检错反馈重发又称为自动请求重发(Automatic Repeat Request,ARQ)。接收方的译码器只检测有无误码,若发现有误码,则利用反向信道要求发送方重发出错的消息,直到接收方检测认为无误码为止。显然,对于速率恒定的信道来说,重传会降低系统的信道吞吐量。

自动请求重发分为三种,即停一等、返回重发和选择重传。

1.停一等

发送方每发完一个数据报文后,必须等待接收方确认后才能发出下一个数据报文。

2.返回重发

发送方可以连续发送多个数据报文。若前面的某个数据报文出错,该数据报文后的所有数据报文都需要重发。

3.选择重传

发送方可以连续发送多个数据报文。若前面的某个数据报文出错,只需重发出错的这个数据报文。但这种方法要求发送方对出错数据报文重发前接收的所有未被确认的数据报文进行缓存。

(二)自动纠错

自动纠错又称为前向纠错(Forward Error Correction,FEC)。接收方检测到接收的数据帧有错后,通过一定的运算,确定差错位的具体位置,并对其自动加以纠正,自动纠错方法不求助于反向信道,故称为前向纠错。

(三)混合方式

混合方式要求接收方对少量的接收差错自动执行前向纠错,而对超出纠正能力的差错则通过反馈重发的方法加以纠正,所以,这是一种纠错、检错相结合的混合方式。

在以有线介质为主的数据通信系统中,ARQ 的应用最为普遍;而在无线通信系统中,前向纠错控制得到了广泛的应用。但无论哪种差错控制方式,从本质上来说,都是以降低实际的传输效率来换取传输的高可靠性。在给定的信道条件下,决定采用哪种差错控制方式的因素是如何以较小的代价来换取所需要的可靠性指标。

三、差错控制编码

差错控制编码主要有检错码和纠错码。

(一)检错码

1.奇偶校验码

奇偶校验码是最常见的一种检错码,主要用于以字符为传输单位的通信系统中。其工作原理非常简单,就是在原始数据字节的最高位或最低位增加一位,即奇偶校验位,以保证所传输的每个字符中 1 的个数为奇数(奇校验)或偶数(偶校验)。例如,原始数据为 1100010,若采用偶校验,则增加校验位后的数据为 11100010。若接收方收到字节的奇偶结果不正确,就可以知道传输过程中发生了错误。从奇偶校验的原理可以看出,奇偶校验只能检测出奇数个位发生的错误,对于偶数个位同时发生的错误则无能为力。

由于奇偶校验码的校验能力低,因此不适用于块数据的传输,取而代之的是垂直水平奇偶校验码(也称为纵横奇偶校验码或方阵码)。在这种校验码中,每 t 个字符占据 1 列,低位在上,高位在下。在 t 单元码中,用第 8 位作为垂直奇偶校验位。若干字符纵向排列形成 1 个方阵。因此,各字符的同一位形成 1 行。每一行的最右边 1 位作为水平奇偶校验位。在垂直和水平方向上均采用了偶校验的编码。

ISO 规定,在同步传输中使用奇校验,而在异步传输中使用偶校验。需要指明的是,垂直水平奇偶校验方法同样存在无法检测出来的差错,如成对且成组出现的差错。

2. 循环冗余校验编码

循环冗余校验(Cycle Redundancy Check,CRC)编码是局域网和广域网的数据链路层通信中用得最多也是最有效的检错方式,其基本思想就是在数据后面添加一组与数据相关的冗余码。冗余码的位数常见的有 12 位、16 位和 32 位。冗余码的位数越多,检错能力越强,但传输的额外开销也就越大。目前无论是发送方冗余码的生成,还是接收方的校验,都可以使用专用的集成电路来实现,从而大大加快循环冗余校验的速度。

(二)纠错码

从前面介绍的一些简单编码可以看出,奇偶校验码的编码原理利用了代数关系式,我们把这类建立在代数基础上的编码称为代数码。在代数码中,常见的是线性码。线性码中信息位和监督位是由一些线性代数方程联系的,或者说,线性码是按一组线性方程构成的。这一部分将以汉明(hamming)码为例引入线性分组码的一般原理。

汉明码是一种能够纠正一位错码且编码效率较高的线性分组码。它是由美国贝尔实验室提出来的,是第一个设计用来纠正错误的线性分组码。汉明码及其变型已广泛应用于数据存储系统中作为差错控制码。

第三章　计算机网络设备

第一节　网卡

网络接口卡(NIC,Network Interface Card)又称为网络适配器(NIA,Network Interface Adapter),简称网卡,是安装在计算机中的一块电路板,它可以作为计算机的外部设备插在扩展槽中,用于实现计算机和传输介质之间的物理连接,为计算机之间相互通信提供一条物理通道,并通过这条通道进行高速数据传输。在局域网中,每一台联网计算机都需要安装一块或多块网卡,通过介质连接器将计算机接入网络电缆系统。

网卡工作在物理层和数据链路层,它主要完成物理层和数据链路层的大部分功能,具体功能包括:网卡与传输介质的连接、介质访问控制(如 CSMA/CD)的实现、数据帧的拆装、帧的发送与接收、错误校验、数据信号的编/解码(如曼彻斯特代码的转换)、数据的串—并转换及网卡与计算机之间的数据交换等。网卡是局域网通信接口的关键设备,是决定计算机网络性能指标的重要因素之一。

一、网卡的工作原理

网卡工作在 OSI 的最后两层,物理层和数据链路层,物理层定义了数据传送与接收所需要的电与光信号、线路状态、时钟基准、数据编码和电路等,并向数据链路层设备提供标准接口。以太网卡中数据链路层的芯片一般简称为 MAC 控制器,物理层的芯片简称为 PHY。许多网卡的芯片把 MAC 和 PHY 的功能做到了一颗芯片中,比如 Intel82559 网卡和 3COM3C905 网卡。但是 MAC 和 PHY 的机制还是单独存在的,只是外观的表现形式是一颗单芯片。当然也有很多网卡的 MAC 和 PHY 是分开做的,比如 D-LINK 的 DFE-530TX 等。

(一)数据链路层 MAC 控制器

以太网数据链路层其实包含 MAC(介质访问控制)子层和 LLC(逻辑链路控制)子层。一块以太网卡 MAC 芯片的作用不但要实现 MAC 子层和 LLC 子层的功能,还要提供符合规范的 PCI 界面以实现和主机的数据交换。

MAC 从 PCI 总线收到 IP 数据包(或者其他网络层协议的数据包)后,将之拆分并重新打包成最大 1518Byte,最小 64Byte 的帧。这个帧里面包括了目标 MAC 地址、自己的源 MAC 地址和数据包里面的协议类型(比如 IP 数据包的类型用 80 表示),最后还有一个 DWORD(4Byte)的 CRC 码。

可是目标的 MAC 地址是哪里来的呢? 这牵扯到一个 ARP 协议(介乎于网络层和数据链路层的一个协议)。第一次传送某个目的 IP 地址的数据的时候,先会发出一个 ARP 包,其 MAC 的目标地址是广播地址,因为是广播包,所有这个局域网的主机都收到了这个 ARP 请求。收到请求的主机将这个 IP 地址和自己的相比较,如果不相同就不予理会,如果相同就发出 ARP 响应包,这个包里面就包括了它的 MAC 地址。以后给这个 IP 地址的帧的目标 MAC 地址就被确定了。(其他的协议如 IPX/SPX 也有相应的协议完成这些操作)IP 地址和 MAC 地址之间的关联关系保存在主机系统里面,叫作 ARP 表,由驱动程序和操作系统完成。在 Microsoft 的系统里面可以用 arp-a 的命令查看 ARP 表。收到数据帧的时候也是一样,做完 CRC 以后,如果没有 CRC 校验错误,就把帧头去掉,把数据包拿出来通过标准的接口传递给驱动和上层的协议客栈,最终正确地达到我们的应用程序。

还有一些控制帧,例如流控帧也需要 MAC 直接识别并执行相应的行为。以太网 MAC 芯片的一端接计算机 PCI 总线,另外一端接到 PHY 芯片上。以太网的物理层又包括 MII/GMII(介质独立接口)子层、PCS(物理编码子层)、PMA(物理介质附加)子层、PMD(物理介质相关)子层、MDI 子层。而 PHY 芯片是实现物理层的重要功能器件之一,实现了前面物理层的所有子层的功能。

(二)物理层 PHY

PHY 在发送数据的时候,收到 MAC 过来的数据(对 PHY 没有帧的概念,都是数据,而不管什么地址、数据还是 CRC),每 4bit 就增加 1bit 的检错码,然后把并行数据转化为串行流数据,再按照物理层的编码规则(10Base-T 的 NRZ 编码或 100Base-T 的曼彻斯特编码)把数据编码,再变为模拟信号把数据送出去。收数据时的流程反之。

发送数据时,PHY 还有个重要的功能就是实现 CSMA/CD 的部分功能,它可以检测到网络上是否有数据在传送。网卡首先侦听介质上是否有载波(载波由电压指示),如果有,则认为其他站点正在传送信息,继续侦听介质。一旦通信介质在一定时间段内(称为帧间缝隙 IFG=9.6 微秒)是安静的,即没有被其他站点占用,则开始进行帧数据发送,同时继续侦听通信介质,以检测冲突。在发送数据期间,如果检测到冲突,则立即停止该次发送,并向介质发送一个“阻塞”信号,告知其他站点已经发生冲突,从而丢弃那些可能一直在接收的受到损坏的帧数据,并等待一段随机时间(CSMA/CD 确定等待时间的算法是二进制指数退避算法)。在等待一段随机时间后,再进行新的发送。如果重传多次后(大于 16 次)仍发生冲突,就放弃发送。

接收时,网卡浏览介质上传输的每个帧,如果其长度小于 64 字节,则认为是冲突碎片。如果接收到的帧不是冲突碎片且目的地址是本地地址,则对帧进行完整性校验,如果帧长度大于 1518 字节(称为超长帧,可能由错误的 LAN 驱动程序或干扰造成)或未能通过 CRC 校验,则认为该帧发生了畸变。通过校验的帧被认为是有效的,网卡将它接收下来进行本地处理。

许多网友在接入 Internt 宽带时,喜欢使用“抢线”强的网卡,就是因为不同的 PHY 碰撞后计算随机时间的方法设计上不同,使得有些网卡比较“占便宜”。不过,抢线只是对广播域的网络而言的,对于交换网络和 ADSL 这样点到点连接到局端设备的接入方式没什么意义,而且“抢线”也只是相对而言的,不会有质的变化。

（三）关于网络间的冲突

交换机的普及带来交换网络的普及，使冲突域网络少了很多，极大地提高了网络的带宽。但是如果用 HUB 或者共享带宽接入 Internet 的时候还是属于冲突域网络，有冲突碰撞的。交换机和 HUB 最大的区别就是：一个是构建点到点网络的局域网交换设备，一个是构建冲突域网络的局域网互连设备。

PHY 还提供了和对端设备连接的重要功能，并通过 LED 灯显示出目前的连接状态和工作状态。当我们给网卡接入网线的时候，PHY 不断发出的脉冲信号检测到对端有设备，它们通过标准的"语言"交流，互相协商并确定连接速度、双工模式、是否采用流控等。

通常情况下，协商的结果是两个设备中能同时支持的最大速度和最好的双工模式。这个技术被称为 Auto Negotiation 或者 NWAY，它们是一个意思——自动协商。

（四）PHY 的输出部分

一颗 CMOS 制程的芯片工作的时候产生的信号电平总是大于 OV 的（这取决于芯片的制程和设计需求），但是这样的信号送到 100 米甚至更远的地方会有很大的直流分量的损失，而且如果外部网线直接和芯片相连的话，电磁感应（打雷）和静电，很容易造成芯片的损坏。

再就是设备接地方法不同，电网环境不同会导致双方的 OV 电平不一致，信号从 A 传到 B，由于 A 设备的 OV 电平和 B 点的 OV 电平不一样，会导致很大的电流从电势高的设备流向电势低的设备。

这时就出现了 Transformer（隔离变压器）。它把 PHY 送出来的差分信号用差模耦合的线圈耦合滤波以增强信号，并且通过电磁场的转换耦合到连接网线的另外一端。这样不但使网线和 PHY 之间没有物理上的连接而传递了信号，隔断了信号中的直流分量，还可以在不同 OV 电平的设备中传送数据。

隔离变压器本身设计就是耐 2KV～3KV 的电压的，也起到了防雷感应保护的作用。有些网络设备在雷雨天气时容易被烧坏，大都是 PCB 设计不合理造成的，而且大都烧毁了设备的接口，很少有芯片被烧毁的，就是隔离变压器起到了保护作用。

（五）网卡构造（网卡组成）

网卡包括硬件和固件程序（只读存储器中的软件例程），该固件程序实现逻辑链路控制和媒体访问控制的功能网卡包括硬件和固件程序（只读存储器中的软件例程），该固件程序实现逻辑链路控制和媒体访问控制的功能，还记录唯一的硬件地址即 MAC 地址，网卡上一般有缓存。网卡须分配中断 IRQ 及基本 I/O 端口地址，同时还须设置基本内存地址（base memory address）和收发器（transceiver）。

（六）网卡的控制芯片

控制芯片是网卡中最重要的元件，是网卡的控制中心，如电脑的 CPU，控制着整个网卡的工作，负责数据的传送和连接时的信号侦测。早期的 10/100M 的双速网卡会采用两个控制芯片（单元）分别控制两个不同速率环境下的运算，而目前较先进的产品通常只有一个芯片控制两种速度。

二、网卡的类型及选择

(一)网卡分类

1. 以频宽区分网卡种类

目前的以太网卡分为 10Mbps、100Mbps 和 1000Mbps 三种频宽,目前常见的三种架构有 10Base-T、100Base-TX 与 Base-2,前两者是以 RJ-45 双绞线为传输媒介,频宽分别有 10Mbps 和 100Mbps,而双绞线又分为 category 1 至 category 5 五种规格,分别有不同的用途以及频宽。category 通常简称 cat,只要使用 cat5 规格的双绞线皆可用于 10/100Mbps 频宽的网卡上,而 10Base-2 架构则是使用细同轴电缆作为传输媒介,频宽只有 10Mbps。频宽 10 或 100Mbps 是指网卡上的最大传送频宽,而频宽并不等于网络上实际的传送速度,实际速度要考虑到传送的距离、线路的品质和网络上是否拥挤等因素,这里所谈的 bps 指的是每秒传送的 bit(1 个 byte=8 个 bit),而 100Mbps 则称为高速以太网卡(fast ethernet),多为 PCI 接口,因为其速度快,目前新建的局域网络大多数已采用 100Mbps 的传输频宽,已有渐渐取代 10Mbps 网卡的趋势。当前市面上的 PCl 网卡多具有 10/100Mbps 自动切换的功能,会根据所在的网络连线环境来自动调节网络速度,1000Mbps 以太网卡多用于交换机或交换机与服务器之间的高速链路或 backbone。

2. 以接口类型区分网卡种类

以接口类型来分,网卡目前使用较普遍的是 ISA 接口、PCI 接口、USB 接口和笔记本电脑专用的 PCMCIA 接口。现在的 ISA 接口的网卡均采用 16bit 的总线宽度,其特性是采用 programmed I/O 的模式传送资料,传送数据时必须通过 CPU 在 I/O 上开出一个小窗口,作为网卡与 PC 之间的沟通管道,需要占用较高的 CPU 使用率,在传送大量数据时效率较差。PCI 接口的网卡则采用 32bit 的总线频宽,采用 busmaster 的数据传送方式,传送数据是由网卡上的控制芯片来控制,不必通过 1/O 端口和 CPU,可大幅降低 CPU 的占用率,目前产品多为 10/100Mbps 双速自动侦测切换网卡。

3. 以全双工/半双工来区分网卡种类

网络有半双工(half duplex)与全双工(full duplex)之分,半双工网卡无法同一时间内完成接收与传送数据的动作,如 10Base-2 使用细同轴电缆的网络架构就是半双工网络,同一时间内只能进行传送或接收数据的工作,效率较低。要使用全双工的网络就必须要使用双绞线作为传输线才能达到,并且也要搭配使用全双工的集线器,要使用 10Base 或 100Base-TX 的网络架构,网卡当然也要是全双工的产品。

4. 以网络物理缆线接头区分网卡

目前网卡常用的网线接头有 RJ-45 与 BNC 两种,有的网卡同时具有两种接头,可适用于两种网络线,但无法两个接头同时使用,另外还有光纤接口的网卡,通常带宽在 1000 Mbps。

5. 网络开机功能

有些网卡会有网络开机(WOL,Wake On Lan)功能,它可由另外一台电脑,使用软件制作特殊格式的信息包发送至一台装有 WOL 功能网卡的电脑,而该网卡接收到这些特殊格式的信息包后,就会命令电脑打开电源,目前已有越来越多的网卡具有网络开机的功能。

6. 其他网卡

从网络传输的物理媒介上还有无线网卡,利用 2.4GHz 的无线电波来传输数据。目前 IEEE 有两种规范 802.11 和 802.11b,最高传输速率分别为 2M 和 11M,接口有 PCI、USB 和 PCMCIA 几种。

(二)网卡的安装和设置

1. 网卡的安装

在普通计算机上安装网卡的方法如下:①关闭计算机,断开电源;②打开机箱;③在主板上找一个合适的插槽;④用螺丝刀将插槽后面对应的挡板去掉;需要注意的是,螺丝刀在使用前最好在其他金属上擦几下,以防止带静电,破坏计算机中的有关部件;⑤将网卡轻轻放入机箱中对应的插槽内;⑥用两只手将网卡压入插槽中。压的过程中要稍用些力,直到网卡的引脚全部压入插槽中为止。同时,两手的用力要均匀,不能出现一端压入,而另一端翘起的现象,以保证网卡引脚与插槽之间的正常接触;⑦用螺丝将网卡固定好。旋入螺丝后再仔细检查一次,看看在固定的过程中网卡与插槽之间是否发生了错位;⑧盖好机箱,旋紧机箱螺丝。

2. 网卡参数的设置

对网卡进行参数设置的必要性主要表现在以下两个方面:

一是在不支持即用(PnP)功能的环境中便于网卡的使用。前文已提到,满足 PnP 功能时必须同时具备三个条件,但是在实际使用中不可能所有的网卡、主板和操作系统都满足 PnP 功能。

二是网卡本身的参数(IRQ 和 I/O)必须与操作系统分配的参数相一致。经常安装网卡的人都会遇到这样的现象:用网卡自带的程序查看时,其 IRQ 值为 3,但是在 Windows9x 下有时工作不正常。所以,即使是在支持 PnP 的环境下,也一定要对网卡的参数进行设置,使其本身的参数值与操作系统分配的参数相一致。网卡参数的设置步骤如下:①打开安装有网卡的计算机,以纯 DOS(如 DOC6.22)方式进入。②运行网卡自带驱动程序盘中的测试文件 Setup.exe(不同的网卡略有些不同,有些是 Autoinst.exe,不清楚时可参看其中的 Readme 文件),系统弹出设置界面。通过此界面,大家可以知道网卡的 IRQ 值、I/Q 地址和网卡卡号,其中 IRQ 值为 3,I/O 地址(10Base)为 300,网卡卡号为 00021857881。这些信息对安装和设置网卡是很有用的,一定要记下来。③如果要修改其中的参数,例如将 IRQ 值从 3 改成 5 时,可选择界面左上方的配置"Configuration"一项,在弹出的窗口中设置即可。④选择左上方的硬件配置"Configuration"一项,在弹出的窗口中,显示网卡的详细参数值。⑤如果要修改网卡的某一参数值(如将 IRQ 值从原来的 3 改为 5),可先在右下方中选择待修改的参数(Interrupt),按"Enter"键后,在出现界面中选择其中的"IRQ5"一项即可。⑥按"Esc"键,在弹出界面中选择"Yes",对刚才的设置进行保存。

第二节 交换机

交换机,英文为 Switch,也有人翻译为开关、交换器或交换式集线器。局域网交换机有两个主要功能,一是在发送节点和接收节点之间建立一条虚连接,二是转发数据帧。

交换机的操作是分析每个进来的帧,根据帧中的目的 MAC 地址,通过查询一个由交换机建立和维护的、表示 MAC 地址与交换机端口对应关系的地址表,决定将帧转发到交换机的哪个端口,然后在两个端口之间建立虚连接,提供一条传输通道,将帧直接转发到那个目的站点所在的端口,完成帧交换。局域网交换机工作在 OSI 参考模型的第二层,通常把基于数据链路层的交换称为第 2 层交换。它与网桥类似,交换机本质是一个多端口网桥。交换机和网桥仅处理数据链路层的帧,OSI 高层协议对网桥和交换机都是透明的,它们支持任何高层协议。交换机与网桥有许多相同之处,但也有一些不同点,它们的主要区别是:交换机比网桥的转发速度快,因为交换机用硬件实现交换,网桥使用软件实现交换;交换机能提供不同速率的端口,连接不同带宽的局域网;交换机比网桥提供更多和更高密度的端口;网桥仅支持存储-转发交换模式,而交换机除了支持存储-转发模式外,还提供一种直通模式。直通模式减少了网络响应和网络延迟时间,使交换速率更快,但它的可靠性比存储-转发模式低。随着网络技术突飞猛进的发展,目前又开发出三层、四层以至多层交换技术和产品,这样的交换设备能完成更高层的交换功能,它们把路由功能和交换功能有机地结合起来,使网络具有更好的性能、更快的速度和更高的带宽。

一、数据交换技术

(一)电路交换

电路交换(Circuit Switching)是在两个站点之间通过通信子网的节点建立一条专用的通信线路,这些节点通常是一台采用机电与电子技术的交换设备(如程控交换机)。也就是说,在两个通信站点之间需要建立实际的物理连接,其典型实例是两台电话之间通过公共电话网络的互连实现通话。

电路交换实现数据通信需经过下列三个步骤:首先是建立连接,即建立端到端(站点到站点)的线路连接;其次是数据传送,所传输数据可以是数字数据(如远程终端到计算机),也可以是模拟数据(如声音);最后是拆除连接,通常在数据传送完毕后由两个站点之一终止连接。电路交换的优点是实时性好,但将电话采用的电路交换技术用于传送计算机或远程终端的数据时,会出现下列问题:用于建立连接的呼叫时间大大长于数据传送时间(这是因为在建立连接的过程中,会涉及一系列硬件开关动作,时间延迟较长,如某段线路被其他站点占用或物理断路,将导致连接失败,并需重新呼叫);通信带宽不能充分利用,效率低(这是因为两个站点之间一旦建立起连接,就独自占用实际连通的通信线路,而计算机通信时真正用来传送数据的时间一般不到 10%,甚至可低到 1%);由于不同计算机和远程终端的传输速率不同,因此必须采取一些措施才能实现通信,例如,不直接连通终端和计算机,而设置数据缓存器等。

（二）报文交换

报文交换（Message Switching）是通过通信子网上的节点采用存储—转发的方式来传输数据，它不需要在两个站点之间建立一条专用的通信线路。报文交换中传输数据的逻辑单元称为报文，其长度一般不受限制，可随数据不同而改变。一般它将接收站点的地址附加于报文一起发出，每个中间节点接收报文后暂存报文，然后根据其中的地址选择线路再把它传到下一个节点，直至到达目的站点实现报文交换的节点通常是一台计算机，它具有足够的存储容量来缓存所接收的报文。一个报文在每个节点的延迟时间等于接收报文的全部位码所需时间、等待时间，以及传到下一个节点的排队延迟时间之和。

报文交换的主要优点是线路利用率较高，多个报文可以分时共享节点间的同一条通道；此外，该系统很容易把一个报文送到多个目的站点。报文交换的主要缺点是报文传输延迟较长（特别是在发生传输错误后），而且随报文长度变化，因而不能满足实时或交互式通信的要求，不能用于声音连接，也不适于远程终端与计算机之间的交互通信。

（三）分组交换

分组交换（Packet Switching）的基本思想包括数据分组、路由选择与存储转发，它类似于报文交换，但它限制每次所传输数据单位的长度（典型的最大长度为数千位），对于超过规定长度的数据必须分成若干个等长的小单位，称为分组（Packets），从通信站点的角度来看，每次只能发送其中一个分组。

各站点将要传送的大块数据信号分成若干等长而较小的数据分组，然后顺序发送；通信子网中的各个节点按照一定的算法建立路由表（各目标站点各自对应的下一个应发往的节点），同时负责将收到的分组存储于缓存区中（而不使用速度较慢的外存储器），再根据路由表确定各分组下一步应发向哪个节点，在线路空闲时再转发；依此类推，直到各分组传到目标站点。由于分组交换在各个通信路段上传送的分组不大，故只需很短的传输时间（通常仅为 ms 数量级），传输延迟小，故非常适合远程终端与计算机之间的交互通信，也有利于多对时分复用通信线路；此外，由于采取了错误检测措施，故可保证非常高的可靠性；而在线路误码率一定的情况下，小的分组还可减少重新传输出错分组的开销；与电路交换相比，分组交换带给用户的优点是费用低。根据通信子网的不同内部机制，分组交换子网又可分为面向连接（Connect-Oriented）和无连接（Connectless）两类。前者要求建立称为虚电路（Virtual Circuit）的连接，一对主机之间一旦建立虚电路，分组即可按虚电路传输，而不必给出每个分组的显式目标站点地址，在传输过程中也无须为之单独寻址，虚电路在关闭连接时撤销。后者不建立连接，数据包（Datagram，即分组）带有目标站点地址，在传输过程中需要为之单独寻址。

分组交换的灵活性高，可以根据需要实现面向连接或无连接的通信，并能充分利用通信线路，因此现有的公共数据交换网都采用分组交换技术。LAN 局域网也采用分组交换技术，但在局域网中，从源站到目的站只有一条单一的通信线路，因此，不需要公用数据网中的路由选择和交换功能。

(四)高速分组交换技术

1. 帧中继(Frame Relay)

帧中继是目前一种开始流行的高速分组技术。典型的帧中继通信系统以帧中继交换机作为节点组成高速帧中继网,再将各个计算机网络通过路由器与帧中继网络中的某一节点相连;与一般分组交换在每个节点均要对组成分组的各个数据帧进行检错等处理不同的是,帧中继交换节点在接收到一个帧时就转发该帧,并大大减少(并不完全取消)接收该帧过程中的检错步骤,从而将节点对帧的处理时间缩短一个数量级,因此称为高速分组交换。当某节点发现错误则立即中止该帧的传输,并由源站申请重发该帧。显然,只有当帧中继网络中的错误率非常低时,帧中继技术才是可行的。帧中继的帧长是可变的,可按需要分配带宽,帧中继网络的传输速率可达 64Kbps～45Mbps,适用于局域网、城域网和广域网。

2. ATM 异步传输模式(Asynchronous Transfer Mode)

最有发展前途的高速分组交换技术是 ATM 异步传输模式,它是一种建立在电路交换与分组交换基础上的新的交换技术,并由基于光纤网络的 B－ISDN 宽带综合业务数字网所采用,用户主机所在网络通过 ATM 交换节点再与光纤数字网络相连。

二、交换机的类型

(一)根据网络覆盖范围划分

1. 广域网交换机

广域网交换机主要是应用于电信城域网互联、互联网接入等领域的广域网中,提供通信用的基础平台。

2. 局域网交换机

这种交换机就是我们常见的交换机了。局域网交换机应用于局域网络,用于连接终端设备,如服务器、工作站、集线器、路由器、网络打印机等网络设备,提供高速独立通信通道。

(二)根据交换机使用的网络传输介质及传输速度划分

1. 以太网交换机

这里所指的以太网交换机是指带宽在 100Mbps 以下的以太网所用交换机。

以太网交换机是最普遍和便宜的,它的档次比较齐全,应用领域也非常广泛,在大大小小的局域网都可以见到它们的踪影。以太网包括三种网络接口,即 RJ-45、BNC 和 AUI,所用的传输介质分别为双绞线、细同轴电缆和粗同轴电缆。并非所有的以太网都是 RJ-45 接口的,只不过双绞线类型的 RJ-45 接口在网络设备中非常普遍而已。现在的交换机通常不可能全是 BNC 或 AUI 接口的,因为目前采用同轴电缆作为传输介质的网络已经很少见了,而一般是在 RJ-45 接口的基础上,为了兼顾同轴电缆介质的网络连接,配上 BNC 或 AUI 接口。

2. 快速以太网交换机

这种交换机用于 100Mbps 快速以太网。快速以太网是一种在普通双绞线或者光纤上实现 100Mbps 传输带宽的网络技术。并非所有的快速以太网都是纯正 100Mbps 带宽的端口,事实上目前基本上还是以 10/100Mbps 自适应型的为主。这种快速以太网交换机通常所采用的介质也是双绞线,有的快速以太网交换机为了兼顾与其他光传输介质的网络互联,或许会留有少数的光纤接口"SC"。

3. 千兆(G 位)以太网交换机

千兆以太网交换机是用于目前较新的一种网络——千兆以太网中,也有人把这种网络称为"吉比特(GB)以太网",那是因为它的带宽可以达到 1000Mbps。它一般用于一个大型网络的骨干网段,所采用的传输介质有光纤、双绞线两种,对应的接口为"SC"和"RJ-45"两种。

4. 10 千兆(10G 位)以太网交换机

10 千兆以太网交换机主要是为了适应当今 10 千兆以太网络的接入,它一般用于骨干网段上,采用的传输介质为光纤,其接口方式为光纤接口。这种交换机也称为"10G 以太网交换机"。

5. ATM 交换机

ATM 交换机是用于 ATM 网络的交换机产品。ATM 网络由于其独特的技术特性,现在还只用于电信、邮政网的主干网段,因此其交换机产品在市场上很少看到。在 ADSL 宽带接入方式中如果采用 PPPoA 协议的话,在局端(NSP 端)就需要配置 ATM 交换机,有线电视的 Cable Modem 互联网接入法在局端也采用 ATM 交换机。它的传输介质一般采用光纤,接口类型同样一般有以太网 RJ-45 接口和光纤接口两种,这两种接口适合于不同类型的网络互联。相对于物美价廉的以太网交换机而言,ATM 交换机的价格比较高,在普通局域网中应用很少。

6. FDDI 交换机

FDDI 技术是在以太网技术还没有开发出来之前开发的,它主要是为了解决当时 10Mbps 以太网和 16Mbps 令牌网速度的局限,传输速度可达到 100Mbps。但它当时是采用光纤作为传输介质的,比以双绞线为传输介质的网络成本高许多,所以随着快速以太网技术的成功开发,FDDI 技术也就失去了它应有的市场。正因如此,FDDI 设备,如 FDDI 交换机也就比较少见了。FDDI 交换机多用于老式中、小型企业的快速数据交换网络中,接口形式都为光纤接口。

7. 令牌环交换机

主流局域网中曾经有一种被称为"令牌环网"的网络。它是由 IBM 在 20 世纪 70 年代开发的,在老式的令牌环网中,数据传输率为 4Mbit/s 或 1 6Mbit/s,新型的快速令牌环网速度可达 100Mbit/s,目前已经标准化了。令牌环网的传输方法在物理上采用星形拓扑结构,在逻辑上采用环形拓扑结构,与之相匹配的交换机产品就是令牌环交换机。由于令牌环网逐渐失去了市场,相应的纯令牌环交换机产品也非常少见,但是在一些交换机中仍留有一些 BNC 或 AUI 接口,以方便令牌环网进行连接。

此外,还可根据交换机所应用的网络层次、根据交换机的端口结构、根据工作的协议层、根据交换机是否支持网络管理功能等划分,这里不再一一介绍。

三、交换机工作原理

交换(switching)是按照通信两端传输信息的需要,用人工或设备自动完成的方法,把要传输的信息送到符合要求的相应路由上的技术统称。广义的交换机(switch)就是一种在通信系统中完成信息交换功能的设备。

在计算机网络系统中,交换概念的提出是对于共享工作模式的改进。HUB 集线器就是一种共享设备,HUB 本身不能识别目的地址,当同一局域网内的 A 主机给 B 主机传输数据时,数据包在以 HUB 为架构的网络上是以广播方式传输的,由每一台终端通过验证数据包头的地址信息来确定是否接收。在这种工作方式下,同一时刻,网络上只能传输一组数据帧的通信,如果发生碰撞还得重试这种方式就是共享网络带宽。

交换机拥有一条很高带宽的背部总线和内部交换矩阵。交换机的所有端口都挂接在这条背部总线上,控制电路收到数据包以后,处理端口会查找内存中的地址对照表以确定目的 MAC(网卡的硬件地址)的 NIC(网卡)挂接在哪个端口上,通过内部交换矩阵迅速将数据包传送到目的端口,目的 MAC 若不存在,交换机才广播到所有的端口,接收端口回应后交换机会"学习"新的地址,并把它添加入内部 MAC 地址表中。

使用交换机也可以把网络"分段",通过对照 MAC 地址表,交换机只允许必要的网络流量通过交换机。交换机的过滤和转发可以有效地隔离广播风暴,减少误包和错包的出现,避免共享冲突。

交换机在同一时刻可进行多个端口对之间的数据传输。每一端口都可视为独立的网段,连接在其上的网络设备独自享有全部的带宽,无须同其他设备竞争使用。当节点 A 向节点 D 发送数据时,节点 B 可同时向节点 C 发送数据,而且这两个传输都享有网络的全部带宽,都有着自己的虚拟连接。

假使这里使用的是 10Mbps 的以太网交换机,那么该交换机这时的总流通量就等于 $2\times$ 10Mbps$=$20Mbps,而使用 10Mbps 的共享式 HUB 时,一个 HUB 的总流通量也不会超出 10Mbps。

总之,交换机是一种基于 MAC 地址识别,能完成封装转发数据包功能的网络设备。交换机可以"学习"MAC 地址,并把其存放在内部地址表中,通过在数据帧的始发者和目标接收者之间建立临时的交换路径,使数据帧直接由源地址到达目的地址。

四、交换机的性能指标和参数

(一)交换机的构成
1.固定式交换机
固定式交换机的结构比较简单,一般的交换机具有 24 个以太网接口,有些交换机为了适应小范围的网络,接口较少,有 8 口、16 口等规格。多数交换机除了 24 个接口以外还有 1 个 UpLink 口,也就是级联口。可管理的交换机还有一个用来对交换机进行初始配置的 Console 口。还有一些固定式交换机有一个或者多个扩展插槽,这些插槽用来与上级交换机或者其他的设备进行高速的互联。

2. 模块化交换机

模块化交换机根据不同厂商和型号,其结构可能大不相同,模块化交换机的接口分为固定接口和插槽两部分。有些模块化交换机只能接百兆或者千兆的模块,比如 CISCO 的 3550-12G,具有 10 个 1000Base-X 插槽和 2 个 1000Base-T 插槽。而有些高端的模块化交换机除了数据模块以外,还必须配置管理模块,如 CISCO 的 4506 交换机,前两个插槽用于监控引擎模块(可以只配一个),后 4 个插槽可用于数据交换模块。

(二)交换机的重要参数

1. 背板带宽、二/三层交换吞吐率

这个决定着网络的实际性能,交换机不管功能再多,管理再方便,如果实际吞吐量上不去,网络只会变得拥挤不堪,所以这几个参数是最重要的。背板带宽包括交换机端口之间的交换带宽,端口与交换机内部的数据交换带宽和系统内部的数据交换带宽。二/三层交换吞吐率表现了二/三层交换的实际吞吐量,这个吞吐量应该大于等于交换机乙(端口×端口带宽)。

2. VLAN 类型和数量

一个交换机支持更多的 VLAN 类型和数量,将更加方便地进行网络拓扑的设计与实现。

3. Trunking

目前多数交换机都支持这个功能,但在实际应用中还不太广泛,所以只要支持此功能即可,并不要求提供最大多少条线路的绑定。

4. 交换机端口数量及类型

不同的应用有不同的需要,应视具体情况而定。

5. 支持网络管理的协议和方法

需要交换机提供更加方便和集中式的管理。

6. 堆叠的支持

当用户量提高后,堆叠就显得非常重要了。公司扩展交换机端口的方法一般为一台主交换机各端口下连接分交换机,这样分交换机与主交换机的最大数据传输速率只有 100M,极大地影响了交换性能;如果能采用堆叠模式,其以 G 为单位的带宽将发挥出巨大的作用。主要参数有堆叠数量、堆叠方式、堆叠带宽等。

交换机的交换缓存和端口缓存、主存、转发延时等也是相当重要的参数。对于三层交换机,802.1D 生成树也是一个重要的参数,这个功能可以让交换机学习到网络结构,对网络的性能也有很大的帮助。三层交换机还有一些重要的参数,如启动其他功能时,二/三是否保持线速转发、路由表大小、访问控制列表大小、对路由协议的支持情况、对组播协议的支持情况、包过滤方法、机器扩展能力等都是值得考虑的参数,应根据实际情况考察。

第三节　路由器

一、路由器的组成

路由器是网络层上的连接,即不同网络与网络之间的连接。随着网络规模的扩大,特别是形成大规模广域网环境时,网桥在路径选择、拥塞控制及网络管理方面远远不能满足要求,路由器则加强了这些方面的功能。

路由器在网络层对信息帧进行存储转发,因而能获得更多的网际信息,更佳的选择路径,由于路由器比网桥在更高一层工作,比网桥具有更高层的软件智能。路由器了解整个网络的拓扑结构,可以根据转接延时、网络拥塞、传输费用以及源目的站之间的距离来选择最佳路径。路由器不仅可以在网络段之间的冗余路径中进行选择,而且可以将相差很大的数据分组连接到局域网段。

路由器是目前网络互联设备中应用最为广泛的一种,无论是局域网与骨干网的互联,还是骨干网与广域网的互联,或者是两个广域网的互联,都离不开路由器。尤其是 Internet 铺天盖地似的扩展,更使得路由器的地位日益提高路由器连接的物理网络可以是同类网络,也可以是异类网络。多协议路由器能支持多种不同的网络层协议(如 IP,IPX,DECNET,Appletalk,XNS,CIND 等)。路由器能够很容易地实现 LAN-LAN,LAN-WAN,WAN-WAN 和 LAN-WAN-LAN 的多种网络连接形式。国际互联网 Internet,就是使用路由器加专线技术将分布在各个国家的几千万个计算机网络互联在一起的。

二、路由器的基本功能及路由原理

(一)路由器的基本功能

路由器在网络层实现网络互联,它主要完成网络层的功能。路由器负责将数据分组(包,Packet)从源端主机经最佳路径传送到目的端主机。为此,路由器必须具备两个最基本的功能,那就是确定通过互联网到达目的网络的最佳路径和完成信息分组的传送,即路由选择和数据转发。

1.路由选择

当两台连在不同子网上的计算机需要通信时,必须经过路由器转发,由路由器把信息分组通过互联网沿着一条路径从源端传送到目的端。在这条路径上可能需要通过一个或多个中间设备(路由器),所经过的每台路由器都必须知道怎么把信息分组从源端传送到目的端,需要经过哪些中间设备。为此,路由器需要确定到达目的端下一个路由器的地址,也就是要确定一条通过互联网到达目的端的最佳路径,所以路由器必须具备的基本功能之一就是路由选择功能。

所谓路由选择就是通过路由选择算法确定到达目的地址(目的端的网络地址)的最佳路

径。路由选择实现的方法是:路由器通过路由选择算法,建立并维护一个路由表,其中包含目的地址和下一个路由器地址等多种路由信息,路由表中的路由信息告诉每一台路由器应该把数据包转发给谁,它的下一个路由器地址是什么。路由器根据路由表提供的下一个路由器地址,将数据包转发给下一个路由器,通过一级一级地把包转发到下一个路由器的方式,最终把数据包传送到目的地。

当路由器接收一个进来的数据包时,它首先检查目的地址,并根据路由表提供的下一个路由器地址,将该数据包转发给下一个路由器。如果网络拓扑发生变化,或某台路由器产生失效故障,这时路由表需要更新。路由器通过发布广告或仅向邻居发布路由表的方法使每台路由器都进行路由更新,并建立一个新的、详细的网络拓扑图。拓扑图的建立使路由器能够确定最佳路径。目前,广泛使用的路由选择算法有链路状态路由选择算法和距离矢量路由选择算法。

2. 数据转发

路由器的另一个基本功能是完成数据分组的传送,即数据转发,通常也称为数据交换(Switching)。在大多数情况下,互联网上的一台主机(源端)要向互联网上的另一台主机(目的端)发送一个数据包,通过指定默认路由(与主机在同一个子网的路由器端口的 IP 地址为默认路由地址)等办法,源端计算机通常已经知道一个路由器的物理地址(即 MAC 地址)。源端主机将带着目的主机的网络层协议地址(如 IP 地址、IPX 地址等)的数据包发送给已知路由器。路由器在接收了数据包之后,检查包的目的地址,再根据路由表确定它是否知道怎样转发这个包,如果它不知道下一个路由器的地址,则将包丢弃;如果它知道怎么转发这个包,路由器将改变目的物理地址为下一个路由器的地址,并把包传送给下一个路由器。下一个路由器执行同样的交换过程,最终将包传送到目的端主机。当数据包通过互联网传送时,它的物理地址是变化的,但它的网络地址是不变的,网络地址一直保留原来的内容直到目的端。值得注意的是,为了完成端到端的通信,必须为基于路由器的互联网中的每台计算机都分配一个网络层地址(IP 地址),路由器在转发数据包时,使用的是网络层地址。但是在计算机与路由器之间或路由器与路由器之间的信息传送仍然要依赖于数据链路层完成,因此路由器在具体传送过程中需要进行地址转换并改变目的物理地址。

(二)路由器的主要特点

由于路由器作用在网络层,因此它比网桥具有更强的异种网互联能力、更好的隔离能力、更强的流量控制能力、更好的安全性和可管理维护性。其主要特点如下:

①路由器可以互连不同的 MAC 协议、不同的传输介质、不同的拓扑结构和不同的传输速率的异种网,它有很强的异种网互连能力。

②路由器也是用于广域网互联的存储转发设备,它有很强的广域网互联能力,被广泛地应用于 LAN−WAN−LAN 的网络互连环境。

③路由器互连不同的逻辑子网,每一个子网都是一个独立的广播域,因此,路由器不在子网之间转发广播信息,它具有很强的隔离广播信息的能力。

④路由器具有流量控制、拥塞控制功能,能够对不同速率的网络进行速度匹配,以保证

数据包的正确传输。

路由器工作在网络层,它与网络层协议有关。多协议路由器可以支持多种网络层协议(如 IP、IPX 和 DECNET 等),转发多种网络层协议的数据包。

路由器检查网络层地址,转发网络层数据分组(包,Packet)。因此,路由器能够基于 IP 地址进行包过滤,具有包过滤(Packet filter)的初期防火墙功能。路由器分析进入的每一个包,并与网络管理员制定的一些过滤政策进行比较,凡符合允许转发条件的包被正常转发,否则丢弃。为了网络的安全,防止黑客攻击,网络管理员经常利用这个功能,拒绝一些网络站点对某些子网或站点的访问。路由器还可以过滤应用层的信息,限制某些子网或站点访问某些信息服务,如不允许某个子网访问远程登录(Telnet)。

我们对大型网络进行微段化,将分段后的网段用路由器连接起来,这样可以达到提高网络性能和网络带宽的目的,而且便于网络的管理和维护。这也是共享式网络为解决带宽问题所经常采用的方法。

路由器不仅可以在中、小型局域网中应用,也适合在广域网和大型、复杂的互联网环境中应用。

(三)路由原理

当 IP 子网中的一台主机发送 IP 分组给同一 IP 子网的另一台主机时,它将直接把 IP 分组送到网络上,对方就能收到。而要送给不同 IP 子网上的主机时,它要选择一个能到达目的子网上的路由器,把 IP 分组送给该路由器,由路由器负责把 IP 分组送到目的地。如果没有找到这样的路由器,主机就把 IP 分组送给一个称为"缺省网关(default gateway)"的路由器上。"缺省网关"是每台主机上的一个配置参数,它是接在同一个网络上的某个路由器端口的 IP 地址。

路由器转发 IP 分组时,只根据 IP 分组目的 IP 地址的网络号部分,选择合适的端口,把 IP 分组送出去。同主机一样,路由器也要判定端口所接的是否是目的子网,如果是,就直接把分组通过端口送到网络上,否则,也要选择下一个路由器来传送分组。路由器也有它的缺省网关,用来传送不知道往哪儿送的 IP 分组。这样,通过路由器把知道如何传送的 IP 分组正确转发出去,不知道的 IP 分组送给"缺省网关"路由器,这样一级级地传送,IP 分组最终将送到目的地,送不到目的地的 IP 分组则被网络丢弃了。

路由动作包括两项基本内容:寻径和转发。寻径即判定到达目的地的最佳路径,由路由选择算法来实现。由于涉及不同的路由选择协议和路由选择算法,相对要复杂一些。为了判定最佳路径,路由选择算法必须启动并维护包含路由信息的路由表,其中路由信息依赖于所用的路由选择算法而不尽相同。路由选择算法将收集到的不同信息填入路由表中,根据路由表可将目的网络与下一站(nexthop)的关系告诉路由器。路由器间互通信息进行路由更新,更新维护路由表使之正确反映网络的拓扑变化,并由路由器根据量度来决定最佳路径,这就是路由选择协议(routing protocol),如路由信息协议(RIP)、开放式最短路径优先协议(OSPF)和边界网关协议(BGP)等。

转发即沿最佳路径传送信息分组。路由器首先在路由表中查找,判明是否知道如何将分组发送到下一个站点(路由器或主机),如果路由器不知道如何发送分组,通常将该分组丢弃;否则就根据路由表的相应表项将分组发送到下一个站点,如果目的网络直接与路由器相连,路由器就把分组直接送到相应的端口上。这就是路由转发协议(routed protocol)。

路由转发协议和路由选择协议是相互配合又相互独立的概念,前者使用后者维护的路由表,同时后者要利用前者提供的功能来发布路由协议数据分组。下文中提到的路由协议,除非特别说明,都是指路由选择协议。

三、路由器的分类

当前路由器分类方法各异。通常可以按照路由器能力、结构、网络中位置、功能和性能等进行分类。在路由器标准制定中主要按照能力分类,分为高端路由器和低端路由器。背板交换能力大于20Gbit/s,吞吐量大于20Mbit/s的路由器称为高端路由器;交换能力在上述数据以下的路由器称为低端路由器。与此对应,路由器测试规范分为高端路由器测试规范和低端路由器测试规范。

第四节　双绞线

一、双绞线的组成

双绞线(TP,Twisted Pairwire)是局域网面线中最常用到的一种传输介质,尤其在星形网络拓扑中,双绞线是必不可少的布线材料。双绞线是由两根具有绝缘保护的铜导线组成的。把两根绝缘的铜导线按一定密度互相绞在一起,可降低信号干扰的影响程度,每一根导线在传输中辐射出来的电波会被另一根线上发出的电波抵消,并在每根铜导线的绝缘层上面涂有不同的颜色,以示区别。双绞线一般由两根22~26号的绝缘铜导线相互缠绕而成。如果把一对或多对双绞线放在一条导管中,便成了双绞线电缆。与其他传输介质相比,双绞线在传输距离、信道宽度和数据速度等方面均受到一定的限制,但其价格较为低廉。目前双绞线可分为屏蔽双绞线(STP,Shielded Twisted Pair)和无屏蔽双绞线(UTP,Unshielded Twisted Pair,也称非屏蔽双绞线)两种。其中,STP又分为3类和5类两种,而UTP分为3类、4类、5类、超5类四种,同时,6类和7类双绞线也会在不远的将来运用于计算机网络的布线系统。

屏蔽双绞线电缆最大的特点在于封装于其中的双绞线与外层绝缘胶皮之间有一层金属材料,这种结构能减少辐射,防止信息被窃听,同时还具有较高的数据传输率(5类STP在100米内可达到155Mbps,而UTP只能达到100Mbps)。但屏蔽双绞线电缆的价格相对较高,安装时要比非屏蔽线困难,必须使用特殊的连接器,技术要求也比非屏蔽双绞线电缆高。与屏蔽双绞线相比,非屏蔽双绞线电缆外面只有一层绝缘胶皮,因而重量轻、易弯曲、易安装、组网灵活,非常适用于结构化布线,所以,在无特殊要求的计算机网络布线中,常使用非屏蔽双绞线电缆。

双绞线虽然主要是用来传输模拟声音信息的，但同样适用于数字信息的传输，特别适用于较短距离的信息传输。在传输期间，信号的衰减比较大，并且使其波形畸变。为了克服这一弱点，在线路上一般采用放大技术来再生波形。

采用双绞线的局部网络的带宽取决于所用导线的质量以及每一根导线的精确长度。只要精心选择和安装双绞线，就可以在短距离内达到每秒几百万位的可靠传输率。当距离很短，并且采用特殊的电子传输技术时，其传输率可达 100Mbps。

因使用双绞线传输信息时要向周围辐射，很容易被窃听，所以我们要花费额外的代价加以屏蔽，以减小辐射（但不能完全消除）。而且双绞线电缆一般具有较高的电容性，可能会使信号失真，故双绞线电缆不太适合高速率数据传输。之所以选用双绞线作为传输媒体，是因为其实用性较好、价格较低，比较适用于应用系统。

二、双绞线分类及传输特性和用途

双绞线的种类很多，不同的种类又有不同的特性和用途，下面分别介绍不同种类双绞线的特性。

（一）3 类双绞线

3 类双绞线的最高传输率为 16MHz，最高传输速率为 10Mbps，用于语音和最高传输率为 10Mbps 的数据传输，3 类双绞线目前正逐渐从市场上消失，取而代之的是 5 类和超 5 类双绞线。

（二）4 类双绞线

该类双绞线的最高传输频率为 20MHz，最高传输速率为 16Mbps，可用于语音和最高传输速率为 16Mbps 的数据传输，4 类双绞线在局域网布线中应用很少，目前市面上基本看不到。

（三）5 类双绞线

5 类双绞线电缆使用了特殊的绝缘材料，其最高传输频率达到 100MHz，可用于语音和最高传输速率为 100Mbps 的数据传输，5 类双绞线是目前网络布线的主流。

（四）超 5 类双绞线

与 5 类双绞线相比，超 5 类双绞线的衰减和串扰更小，可提供更坚实的网络基础，满足大多数应用的需求（尤其支持千兆以太网 1000Base-T 的布线），给网络的安装和测试带来了便利，成为目前网络系统应用中较好的解决方案。原标准规定的超 5 类线的传输特性与普通 5 类线的相同，只是超 5 类双绞线的全部 4 对线都能实现全双工通信。不过，近段时间里超 5 类双绞线超出了原有的标准，市面上相继出现了带宽为 125MHz 和 200MHz 的超 5 类双绞线（如美国通贝公司的超 5 类双绞线等），其特性较原标准也有了提高。据有关材料介绍，这些超 5 类双绞的传输距离已超过了 100 米的界限，可达到 130 米甚至更长。

（五）6 类双绞线

电信工业协会（TIA）和国际标准化组织（ISO）已经着手制定 6 类布线标准。该标准将规定未来布线应达到 200MHz 的带宽，可以传输语音、数据和视频，足以应付未来高速和多媒体网络的需要。

(六)7 类双绞线

国际标准化组织 1997 年 9 月曾宣布要制定 7 类双绞线标准,建议带宽为 600MHz。小型局域网一般使用非屏蔽双绞线进行网络连接。在新建网络时,建议大家使用 5 类或超 5 类的双绞线。现在市面上一些超 5 类双绞线的价格已经不相上下。当然,在同等的条件下,使用超 5 类要好一些。

三、双绞线的制作

(一)双绞线的制作过程

在清楚了不同用途中双绞线导线的排列方式后,我们就可以进行线缆的制作了。制作双绞线的工具一般只要 RJ-45 压线钳和一个斜口钳。

制作过程如下:①根据需要的长度,用斜口钳剪取一段双绞线。②将双绞线的一端插入压线钳的剥线端(注意要将双绞线插到底),将双绞线的外皮剥去一小段,大约 1.2 厘米。③将双绞线根据排线顺序插入 RJ-45 连接器。注意要插到底,直到在另一端可以清楚地看到每根线的铜线芯为止。如果制作的是屏蔽双绞线,还要注意将双绞线外面的一层金属屏蔽层压入 RJ-45 连接器的金属片下,不能脱离,否则起不到屏蔽的作用。④将 RJ-45 接头放入压线钳的 RJ-45 插座,然后用力压紧,使 RJ-45 接头夹紧在双绞线上。⑤用同样的方法完成另一端的制作。⑥如条件允许时,可利用一些专业检测工具(如 RJ-45 线路检查器)检查线缆的工作是否正常只要制作时认真细心,一般不会出现问题。

(二)测试双绞线的导通性

专门从事网络布线的公司一般有专用的网络测试仪,使用网络测试仪可以方便地测试出双绞线的导通性,双绞线在制作时存在的问题也会反映出来。但这类专业设备的价格较昂贵,普通用户为了组建一个局域网而专门购买它有一点得不偿失。为此,建议大家不要制作一根测试一根,而是等网络连接工作完成后再放到网络中去测试。在网卡和集线器等设备的安装和设置无误的情况下,可通过观察网卡或集线器上的指示灯来确定双绞线是否存在问题。一般情况下,如果网卡或集线器对应端口的指示灯发亮,表示网络连接已导通,线缆的制作没有问题,否则要进行检查并排除。在大多数情况下,首先要检查 RJ-45 接头是否压紧。此外,还需注意水晶头、双绞线等是否有假。

第五节　光纤

一、光纤的通信原理

光纤通信的主要组成部件有光发送机、光接收机和光纤,当进行长距离信息传输时还需要中继机。通信时,由光发送机产生光束,将表示数字代码的电信号转变成光信号,并将光信号导入光纤,将其还原成为发送前的电信号。为了防止长距离传输而引起的光能衰减,大容量、远距离的光纤通信每隔一定的距离需设置一个中继机。在实际应用中，光缆的两端都应安装有光纤收发器。光纤收发器集合了光发送机和光接收机的功能，既负责光的发送，也负责光的接收。

二、光纤接入所需元件

光纤接入设备发展到今天，由于光纤接入技术的不断更新和越来越多的生产商加盟，它的分类越来越明确，主要有三大类：①光纤通信接续文元件（适用通信及计算机网络终端连接），如光纤跳线、光纤接头（盒）等；②光纤收发器（适用计算机网络数据传输），如光纤盒、光纤耦合器和配线箱（架）等；③光缆工程设备、光缆测试仪表（大型工程专用），如光纤熔接机、光纤损耗测试仪器等。

下面就对光纤通信接续文元件和光纤收发器两大类设备进行介绍。

1. 光纤跳线

跳线就是不带连接器的电缆线对或电缆单元，用在配线架上交接各种链路。光纤跳线用于长途及本地光传输网络、数据传输及专用网络、各种测试及自控系统。

2. 光纤接头（盒）

光纤接头（盒）主要用于光纤与光纤、光纤与设备之间的连接。

3. 光纤盒

光纤盒应用于利用光纤技术传输数字和类似语音、视频和数据信号。光纤盒可进行直接安装或桌面安装，特别适合进行高速的光纤传输。

4. 光纤模块卡

千兆系列光纤模块卡是与交换机配合使用的，使用光纤或 5 类双绞线传输，可扩展局域网范围，扩大带宽，适合于大、中型局域网在扩大带宽、扩展其网络覆盖范围时使用。该光纤模块完全符合 IEEE802.3z 协议，工作于 850nm、1300nm 模式；也完全符合 IEEE 802.3ab 协议，兼容其他相同千兆协议的设备。由于它的体积小，可以直接安装于交换机内部，不需额外占用空间，由交换机内部供电，安装使用简便，可配合多款交换机使用。

5. 光纤耦合器（Coupler）

光纤耦合器又称分歧器（Splitter），是将光信号从一条光纤中分至多条光纤中的元件，属于光被动元件领域，在电信网路、有线电视网路、用户回路系统、区域网路中都会应用到，与光纤连接器分列被动元件中使用最大项。光纤耦合器可分标准耦合器（双分支，单位 1×2，亦即将光信号分成两个功率）、星状/树状耦合器以及波长多工器（WDM，若波长属高密度分出，即波长间距窄，则属于 DWDM），制作方式则有烧结（Fuse）、微光学式（MicroOptics）、光波导式（WaveGuide）三种，而以烧结式方法生产的占多数（约有 90%）。

6. 单、多模光纤转换器

单、多模光纤收发器用于光缆之间的数据通信，支持用户利用单模或多模光纤扩展 UTP 网络的规模，广泛应用于以太网数据通信扩展传输距离的地方，通过光纤链路实现网络的扩展和延伸。

7. 光端机

视频复用光端机采用国际最先进的数码视频、千兆光纤高速传输技术和全数字无压缩技术,因此能支持任何高分辨率运动、静止图像无失真传输;克服了常规的模拟调频、调相、调幅光端机多路信号同传时交调干扰严重、容易受环境干扰影响、传输质量低劣、长期工作稳定性差等致命弱点。它还可以提供多路视频、音频、数据、电话语音、以太网在光纤上同时传输,大大节省了用户设备投资成本,提高了光缆利用率。它广泛应用于安防监控、高速公路、电子警察、自动化、智能小区海关、电力、水利、石油、化工等诸多领域。

第六节　其他设备

一、同轴电缆

同轴电缆由绕在同一轴线上的两种导体组成。同轴电缆中央是一根比较硬的铜导线或多股导线,外面由一层绝缘材料包裹,这一层绝缘材料又被第二层导体包住,第二层导体可以是网状的导体(有时是导电的铝箔),主要用来屏蔽电磁干扰,最外面由坚硬的绝缘塑料包住。

同轴电缆的价格随直径及导体的不同而不同,通常介于双绞线与光纤之间,且细缆相对粗缆便宜一些。同轴电缆抗电磁干扰能力比双绞线强,但其安装较双绞线复杂,其典型的传输速率通常为 10Mbps。

二、集线器

集线器(Hub)属于数据通信系统中的基础设备,它和双绞线等传输介质一样,是一种不需任何软件支持或只需很少管理软件管理的硬件设备,被广泛应用到各种场合。集线器工作在局域网(LAN)环境,应用于 OSI 参考模型第一层,因此又被称为物理层设备。集线器内部采用了电器互联,当维护 LAN 的环境是逻辑总线或环形结构时,完全可以用集线器建立一个物理上的星形或树形网络结构。在这方面,集线器所起的作用相当于多端口的中继器。集线器实际上就是中继器的一种,其区别仅在于集线器能够提供更多的端口服务,所以集线器又叫多口中继器。

依据 IEEE 802.3 协议,集线器功能是随机选出某一端口的设备,并让它独占全部带宽,与集线器的上联设备(交换机、路由器或服务器等)进行通信。由此可以看出,集线器在工作时具有以下两个特点。

首先,Hub 只是一个多端口的信号放大设备,工作中当一个端口接收到数据信号时,由于信号在从源端口到 Hub 的传输过程中已有了衰减,所以 Hub 便将该信号进行整形放大,使被衰减的信号再生(恢复)到发送时的状态,紧接着转发到其他所有处于工作状态的端口上。从 Hub 的工作方式可以看出,它在网络中只起到信号放大和重发作用,其目的是扩大网络的传输范围,而不具备信号的定向传送能力,是一个标准的共享式设备。

其次，Hub 只与它的上联设备（如上层 Hub、交换机或服务器）进行通信，同层的各端口之间不会直接进行通信，而是通过上联设备再将信息广播到所有端口上。由此可见，即使是在同一 Hub 的两个不同端口之间进行通信，都必须要经过两步操作：第一步是将信息上传到上联设备；第二步是上联设备再将该信息广播到所有端口上。

不过，随着技术的发展和需求的变化，目前的许多 Hub 在功能上进行了拓宽，不再受这种工作机制的影响，由 Hub 组成的网络是共享式网络，同时 Hub 也只能够在半双工下工作。

Hub 主要用于共享网络的组建，是解决从服务器直接到桌面最经济的方案。在交换式网络中，Hub 直接与交换机相连，将交换机端口的数据送到桌面。使用 Hub 组网灵活，它处于网络的一个星形节点，对节点相连的工作站进行集中管理，不让出问题的工作站影响整个网络的正常运行，并且用户的加入和退出也很自由。

我们知道在环形网络中只存在一个物理信号传输通道，都是通过一条传输介质来传输的，这样就存在各节点争抢信道的矛盾，传输效率较低。引入集线器这一网络集线设备后，每一个站是用它自己专用的传输介质连接到集线器的，各节点间不再只有一个传输通道，各节点发回来的信号通过集线器集中，集线器再把信号整形、放大后发送到所有节点上，这样至少在上行通道上不再出现碰撞现象。但基于集线器的网络仍然是一个共享介质的局域网，这里的"共享"其实就是集线器内部总线，所以当上行通道与下行通道同时发送数据时仍然会存在信号碰撞现象。当集线器将从其内部端口检测到碰撞时，产生碰撞强化信号（Jam）向集线器所连接的目标端口进行传送。这时所有数据都将不能发送成功，形成网络"大塞车"。

我们知道，单车道上通常只允许一个行驶方向的车通过，但是在小城镇，条件有限时通常没有这样的规定，单车道也很有可能允许两个行驶方向的车通过，但是必须是不同时刻经过。在集线器中也一样，虽然各节点与集线器的连接已有各自独立的通道，但是在集线器内部却只有一个共同的通道，上、下行数据都必须通过这个共享通道发送和接收数据，这样有可能像单车道一样，当上、下行通道同时有数据发送时，就可能出现塞车现象。

正因为集线器的这一不足之处，所以它不能单独应用于较大网络中（通常是与交换机等设备一起分担小部分的网络通信负荷）。也正因如此，集线器的数据传输效率是比较低的，因为它在同一时刻只能有一个方向的数据传输，也就是所谓的"单工"方式。如果在网络中要选用集线器作为单一的集线设备，则网络规模最好在 10 台以内，而且集线器带宽应为 10/100Mbps 以上。

集线器的安装相对简单，尤其是傻瓜集线器，只要将其固定在配线柜并插上电源线即可。需要连接哪根双绞线，就把哪根双绞线的 RJ-45 头插入至集线器端口即可。智能集线器虽然也是固定好就能使用，不过，如果想实现远程管理，就必须进行必要的配置，为集线器指定 IP 地址信息。另外一些大的网络一般都采用机架式集线器，这样就涉及集线器的机架安装了。

集线器从结构上来讲有机架式和桌机式两种，一般部门用的集线器是桌面式，企业机房通常采用机架式。机架式集线器便于固定在一个地方,一般是与其他集线器、交换机,还有的与服务器安装在一个机柜中,这样一来便于网络的连接与管理,同时也节省了设备所占用的空间。如果你所选购的是机架式的集线器,你可以选配集线器机架(一般为厂家提供)。

机架式的集线器一般都是与其他设备一起安装在机柜中,这些机柜当然在业界都有相应的结构标准,特别是在尺寸方面有严格的规定,如宽度、1U(单元)的高度等,这样所有设备都可以方便、美观地安装在一起,这就是为什么集线器里面空空的,却非要做得一样大的原因所在,当然机箱大也有另一方面好处,那就是可以更好地散热。

集线器的连接虽然简单,基本上不需要什么配置,但是通过对它的连接原理的理解,可以更好地利用集线器,满足中、小型网络应用需求。在正式介绍集线器的连接方法前,我们先来了解一下集线器的信号转发原理。

集线器工作于 OSI/RM 参考模型的物理层和数据链路层的 MAC(介质访问控制)子层。物理层定义了电气信号、符号、线的状态和时钟要求、数据编码和数据传输用的连接器。因为集线器只对信号进行整形、放大后再重发,不进行编码,所以是物理层的设备。10M 集线器在物理层有 4 个标准接口可用,那就是:10Base-5、10Base-2、10Base-T、10Base-F。10M 集线器的 10Base-5(AUI)端口用来连接层 1 和层 2。

集线器采用了 CSMA/CD(载波帧听多路访问/冲突检测)协议,CSMA/CD 为 MAC 层协议,所以集线器也含有数据链路层的内容。

10M 集线器作为一种特殊的多端口中继器,它在连网中继扩展中要遵循 5-4-3 规则,即一个网段最多只能分 5 个子网段;一个网段最多只能有 4 个中继器;一个网段最多只能有三个子网段含有 PC,子网段 2 和子网段 4 是用来延长距离的。

集线器的工作过程是非常简单的,它可以这样简单描述:首先是节点发信号到线路,集线器接收该信号,因信号在电缆传输中有衰减,集线器接收信号后将衰减的信号整形放大,最后集线器将放大的信号广播转发给其他所有端口。

级联是另一种集线器端口扩展方式,它是指使用集线器普通的或特定的端口来进行集线器间的连接的。所谓普通端口就是通过集线器的某一个常用端口(如 RJ-45 端口)进行连接,而所谓特殊端口就是集线器为级联专门设计的一种"级联端口",一般都标有"UpLink"字样。因为有两种级联方式,所以事实上所有的集线器都能够进行级联,至少可以通过普通端口进行。

三、中继器(Repeater)

中继器用于同种局域网络互连,是在物理层次上实现互连的网络互连设备,用于扩展网段的距离。电信号强度在电缆中传送时随电缆的长度增加而递减,这种现象叫作衰减,这对长距离传输有影响。中继器常用来将几个网段连接起来,通过中继器将信号放大,然后在另一个网段上继续传输。中继器的特点有以下几点:①中继器可以重发信号,这样可以扩展网段的距离;②中继器主要用在同种 LAN 互连中;③中继器工作在网络体系结构模型的物理层;④由中继器连接起来的各网段必须采用同样的信道访问协议,如 CSMA/CD 协议;⑤由中继器连接起来的网段构成一个更大的网段,并且有着相同的网络地址,属于一个冲突域;⑥网段上的每一个节点都有自己的地址,在扩充网段上的节点地址不能与原网段上的节点地址相同,因为它们都是同一网段上的节点。

四、网关

网关用于类型不同且差别较大的网络系统间的互连,主要用于不同体系结构的网络或者局域网与主机系统的连接。在互连设备中,它最为复杂,一般只能进行一对一的转换,或是少数几种特定应用协议的转换。

网络的主要变换项目包括信息的格式变换、地址变换、协议变换等。

①格式变换:格式变换是将信息的最大长度、文字代码、数据的表现形式等变换成适用于对方网络的格式;

②地址变换:由于每个网络的地址构造不同,因而需要变换成对方网络所需要的地址格式;

③协议变换:把各层使用的控制信息变换成对方网络所需的控制信息,由此可以进行信息的分割/组合、数据流量控制、错误检测等;

④网关按其功能可以分为三种类型:协议网关、应用网关和安全网关;

⑤协议网关:协议网关通常在使用不同协议的网络间做协议转换工作,这是网关最常见的功能。协议转换必须在数据链路层以上的所有协议层都运行,而且要对节点上使用这些协议层的进程透明。协议转换必须考虑两个协议之间特定的相似性和差异性,所以协议网关的功能十分复杂;

⑥应用网关:应用网关是在应用层连接两部分应用程序的网关,是在不同数据格式间翻译数据的系统。这类网关一般只适合于某种特定的应用系统的协议转换;

⑦安全网关:与网桥一样,网关可以是本地的,也可以是远程的。另外,一个网关还可以由两个半网关构成。目前,网关已成为网络上每个用户都能访问大型主机的通用工具。

第四章 计算机局域网

第一节 局域网概述

一、局域网

局域网(Local Area Network)简称 LAN,是指在某一区域内由多台计算机互联成的计算机组。"某一区域"指的是同一办公室、同一建筑物、同一公司或同一学校等,一般是方圆几千米以内。局域网可以实现文件管理、应用软件共享、打印机共享、扫描仪共享、工作组内的日程安排、电子邮件和传真通信服务等功能。局域网是封闭型的,可以由办公室内的两台计算机组成,也可以由一个公司内的上千台计算机组成。

(一)局域网的功能和分类

局域网的产生始于 20 世纪 60 年代,到 20 世纪 70 年代末,由于微型计算机价格不断下降,因而获得了广泛的使用,促进了计算机局域网技术的飞速发展,使得局域网在计算机网络中占有十分重要的位置。

1.局域网的功能

LAN 最主要的功能是提供资源共享和相互通信,它可提供以下几项主要服务。

(1)资源共享

包括硬件资源共享、软件资源共享及数据库共享。在局域网上各用户可以共享昂贵的硬件资源,如大型外部存储器、绘图仪、激光打印机、图文扫描仪等特殊外设。用户可共享网络上的系统软件和应用软件,避免重复投资及重复劳动。网络技术可使大量分散的数据能被迅速集中、分析和处理,分散在网内的计算机用户可以共享网内的大型数据库而不必重复设计这些数据库。

(2)数据传送和电子邮件

数据和文件的传输是网络的重要功能,现代局域网不仅能传送文件、数据信息,还可以传送声音、图像。局域网站点之间可提供电子邮件服务,某网络用户可以输入信件并传送给另一用户,收信人可打开"邮箱"阅读处理信件并可写回信再发回电子邮件,既节省纸张又快捷方便。

(3)提高计算机系统的可靠性

局域网中的计算机可以互为后备,避免了单机系统的无后备时可能出现的故障导致系统瘫痪,大大提高了系统的可靠性,特别在工业过程控制、实时数据处理等应用中尤为重要。

（4）易于分布处理

利用网络技术能将多台计算机连成具有高性能的计算机系统，通过一定算法，将较大型的综合性问题分给不同的计算机去完成。在网络上可建立分布式数据库系统，使整个计算机系统的性能大大提高。

2.局域网的分类

（1）按拓扑结构分类

局域网根据拓扑结构的不同，可分为总线网、星状网、环状网和树状网。总线网各站点直接接在总线上。总线网可使用两种协议，一种是传统以太网使用的 CSMA/CD，这种总线网现在已演变为目前使用最广泛的星状网；另一种是令牌传递总线网，即物理上是总线网而逻辑上是令牌网，这种令牌总线网已成为历史，早已退出市场。近年来由于集线器（hub）的出现和双绞线大量使用于局域网中，星状以太网以及多级星状结构的以太网得到了广泛使用。环状网的典型代表是令牌环网（token ring），又称令牌环。

（2）按传输介质分类

局域网使用的主要传输介质有双绞线、细同轴电缆、光缆等，以连接到用户终端的介质可分为双绞线网、细缆网等。

（3）按介质访问控制方法分类

介质访问控制方法提供传输介质上网络数据传输控制机制，按不同的介质访问控制方式局域网可分为以太网、令牌环网等。

（二）局域网的特点

局域网是在较小范围内，将有限的通信设备连接起来的一种计算机网络。其最主要的特点是网络的地理范围和站点（或计算机）数目均有限，且为一个单位拥有。除此以外还有一些特点，局域网与广域网相比较有以下特点。

①具有较高的数据传输速率，低的时延和较小的误码率。

②采用共享广播信道，多个站点连接到一条共享的通信媒体上，其拓扑结构多为总线状、环状和星状等。在局域网中，各站是平等关系而不是主从关系，易于进行广播（一站发，其他所有站收）和组播（一站发，多站收）。

③低层协议较简单。广域网范围广，通信线路长，投资大，面对的问题是如何充分有效地利用信道和通信设备，并以此来确定网络的拓扑结构和网络协议。在广域网中多采用分布式不规则的网状结构，低层协议比较复杂。而局域网由于传输距离短，时延小，成本低，相对而言通道利用率已不是人们考虑的主要问题，因而低层协议较简单，允许报文有较大的报头。

④局域网不单独设置网络层。由于局域网的结构简单，网内一般无须中间转接，流量控制和路由选择大为简化，通常不单独设立网络层。因此局域网的体系结构仅相当于 OSI/RM 的最低两层，只是一种通信网络。高层协议尚没有标准，目前由具体的局域网操作系统来实现。

⑤有多种媒体访问控制技术。由于局域网采用广播信道,而信道可以使用不同的传输媒体。因此,局域网面对的问题是多源、多目的管理,由此引出多种媒体访问控制技术,如载波监听、多路访问/冲突检测(CSMA/CD)技术、令牌环控制技术、令牌总线控制技术和光纤分布式数据接口(FDDI)技术等。

实际上,一个工作在多用户系统下的小型计算机,基本上能完成局域网的工作。但是,二者相比,局域网具有以下优点:①能方便地共享主机及软件、数据和昂贵的外部设备。一个站可访问全网。②便于系统扩展和逐渐演变,可以灵活地改变各设备的位置。③提高了系统的可靠性、可用性和残存性。

二、局域网的组成及工作模式

局域网的组成包括硬件和软件。网络硬件包括资源硬件和通信硬件。资源硬件包括构成网络主要成分的各种计算机和输入/输出设备。利用网络通信硬件将资源硬件设备连接起来,在网络协议的支持下,实现数据通信和资源共享。软件资源包括系统软件和应用软件。不同的需求决定了组建局域网时不同的工作模式。

(一)局域网的组成

1. 网络硬件

通常组建局域网需要的网络硬件主要是服务器、网络工作站、网络适配器(网卡)、交换机及传输介质等。

(1)服务器

在网络系统中,一些计算机或设备应其他计算机的请求而提供服务,使其他计算机通过它共享系统资源,这样的计算机或设备称为网络服务器。服务器有保存文件、打印文档、协调电子邮件和群件等功能。

服务器大致可以分为四类:设备服务器,主要为其他用户提供共享设备;通信服务器,它是在网络系统中提供数据交换的服务器;管理服务器,主要为用户提供管理方面服务的;数据库服务器,它是为用户提供各种数据服务的服务器。

由于服务器是网络的核心。大多数网络活动都要与其通信。因此,它的速度必须足够快,以便对客户机的请求做出快速响应;而且它要有足够的容量,可以在保存文件的同时为多名用户执行任务。服务器速度的快慢一般取决于网卡和硬盘驱动器。

(2)网络工作站

网络工作站是为本地用户访问本地资源和网络资源,提供服务的配置较低的微机。

工作站分带盘(磁盘)工作站和无盘工作站两种类型。带盘工作站是带有硬盘(本地盘)的微机,硬盘可称为系统盘。加电启动带盘工作站,与网络中的服务器连接后,盘中存放的文件和数据不能被网上其他工作站共享。通常可将不需要共享的文件和数据存放在工作站的本地盘中,而将那些需要共享的文件夹和数据存放在文件服务器的硬盘中。无盘工作站是不带硬盘的微机,其引导程序存放在网络适配器的 EPROM 中,加电后自动执行,与网络中的服务器连接。这种工作站不仅能防止计算机病毒通过工作站感染文件服务器,还可以防止非法用户拷贝网络中的数据。

(3)网络适配器(网络接口卡)

网络适配器俗称网卡,是构成网络的基本部件。它是一块插件板,插在计算机主板的扩展槽中,通过网卡上的接口与网络的电缆系统连接,从而将服务器、工作站连接到传输介质上并进行电信号的匹配,实现数据传输。

(4)交换机

交换机是在局域网上广为使用的网络设备,交换机对数据包的转发是建立在 MAC(Media Access Control)地址,即物理地址基础之上的。交换机在操作过程当中会不断的收集资料去建立它本身的一个地址表,这个表相当简单,它说明了某个 MAC 地址是在哪个端口上被发现的,所以当交换机收到一个 TCP/IP 数据包时,他便会看一下该数据包的标签部分的目的 MAC 地址,核对一下自己的地址表以确认该从哪个端口把数据包发出去。

(5)传输介质

传输介质也称为通信介质或媒体,在网络中充当数据传输的通道。传输介质决定了局域网的数据传输速率、网络段的最大长度、传输的可靠性及网卡的复杂性。

局域网的传输介质主要是双绞线、同轴电缆和光纤。早期的局域网中使用最多的是同轴电缆。伴随着技术的发展,双绞线和光纤的应用越来越广泛,尤其是双绞线。目前在局部范围内的中、高速局域网中使用双绞线,在较远范围内的局域网中使用光纤已很普遍。

2.网络软件

(1)局域网操作系统

在局域网硬件提供数据传输能力的基础上,为网络用户管理共享资源、提供网络服务功能的局域网系统软件被定义为局域网操作系统。

网络操作系统是网络环境下用户与网络资源之间的接口,用以实现对网络的管理和控制。网络操作系统的水平决定着整个网络的水平,及能否使所有网络用户都能方便、有效地利用计算机网络的功能和资源。

(2)网络数据库管理系统

网络数据库管理系统是一种可以将网上的各种形式的数据组织起来,科学、高效地进行存储、处理、传输和使用的系统软件。可把它看作网上的编程工具,如 Visual FoxPro、SQL Server、Oracle、Informix 等。

(3)网络应用软件

软件开发者根据网络用户的需要,用开发工具开发出来各种应用软件。例如,常见的在局域网环境中使用的 Office 办公套件、银台收款软件等。

(二)局域网的工作模式

局域网有以下三种工作模式。

(1)专用服务器结构(Server-Baseb)

又称为"工作站/文件服务器"结构,由若干台微机工作站与一台或多台文件服务器通过通信线路连接起来组成工作站存取服务器文件,共享存储设备,文件服务器自然以共享磁盘文件为主要目的。

对于一般的数据传递来说已经够用了,但是当数据库系统和其他复杂而被不断增加的用户使用的应用系统到来的时候,服务器已经不能承担这样的任务了,因为随着用户的增多,为每个用户服务的程序也增多,每个程序都是独立运行的大文件,给用户感觉极慢,因此产生了客户机/服务器模式。

(2)客户机/服务器模式(client/server)

其中一台或几台较大的计算机集中进行共享数据库的管理和存取称为服务器,而将其他的应用处理工作分散到网络中其他微机上去做,构成分布式的处理系统,服务器控制管理数据的能力已由文件管理方式上升为数据库管理方式,因此,C/S 服务器也称为数据库服务器,注重于数据定义及存取安全后备及还原,并发控制及事务管理,执行诸如选择检索和索引排序等数据库管理功能,它有足够的能力做到把通过其处理后用户所需的那一部分数据而不是整个文件通过网络传送到客户机去,减轻了网络的传输负荷。C/S 结构是数据库技术的发展和普遍应用与局域网技术发展相结合的结果。

(3)对等式网络(Peer-to-Peer)

在拓扑结构上与专用 Server 与 C/S 相同。在对等式网络结构中,没有专用服务器。每一个工作站既可以起客户机的作用也可以起服务器的作用。

虽然目前的网卡、HUB 和交换机都能提供 100M 甚至更宽的带宽,但一个局域网如果配置不当,尽管配置的设备都非常高档而网络速度仍不能如意;或者经常出现死机、打不开一个小文件或根本无法连通服务器,特别是在一些设备档次参差不齐的网络中这些现象更是时有发生。在局域网中恰当地进行配置,才能使网络性能尽可能地进行优化,最大限度地发挥网络设备、系统的性能。

其实局域网也是由一些设备和系统软件通过一种连接方式组成的,所以局域网的优化包括以下几个方面:

①设备优化:包括传输介质的优化、服务器的优化、HUB 与交换机的优化等。

②软件系统的优化:包括服务器软件的优化和工作站系统的优化。

③布局的优化:包括布线和网络流量的控制。

第二节　介质访问控制方式

介质访问控制技术是局域网的一项重要技术,主要是解决信道的使用权问题。局域网的介质访问控制包括两方面的内容:一是确定网络中每个节点能够将信息送到传输介质上的特定时刻;二是如何对公用传输介质的访问和利用加以控制。

介质访问控制协议主要分为以下两大类:

一类是争用型访问协议,如 CSMA/CD 协议。它是一种随机访问技术,在网络站点访问介质时可能产生冲突现象,导致网络传输的失败,使站点访问介质的时间具有不确定性,采用 CSMA/CD 协议的网络主要有以太网。

另一类是确定型访问协议,如令牌(Token)访问协议。站点以一种有序的方式访问介质而不会产生任何冲突,并且站点访问介质的时间是可以测算的,采用令牌访问协议的网络有令牌总线网(Token-Bus),令牌环网(Token-Ring)等。

一、CSMA/CD

Ethernet 采用的是争用型介质访问控制协议,即 CSMA/CD,它在轻载情况下具有较高的网络传输效率。这种争用协议只适用于逻辑上属于总线拓扑结构的网络。在总线网络中,每个站点都能独立地决定帧的发送,若两个或多个站同时发送帧,就会产生冲突,导致所发送的帧出错。总线争用技术可以分为 CSMA 和 CSMA/CD 两大类。

要传输数据的站点首先监听媒体上载波是否存在(即有无传输),如果媒体空闲,该站点便可传输数据;否则,该站点将避让一段时间后再作尝试。这种方法就是载波监听多路访问 CSMA 技术。在 CSMA 中,由于没有冲突检测功能,即使冲突已发生,仍然要将已破坏的帧发送完,使总线的利用率降低。

一种 CSMA 的改进方案是使发送站点在传输过程中仍继续监听媒体,以检测是否存在冲突,若存在冲突,则立即停止发送,并通知总线上其他各个站点。这种方案称作载波监听多路访问/冲突检测协议(CSMA/CD)。CSMA/CD 协议与电话会议非常类似,许多人可以同时在线路上进行对话,但如果每一个人都在同时讲话,则你将听到一片噪声;如果每个人等别人讲完后再讲,则你可以理解各人所说的话。

数据帧在使用 CSMA/CD 技术的网络上进行传输时,一般按下列四个步骤来进行。

(一)传输前监听

各工作站不断地监听介质上的载波("载波"是指电缆上的信号),以确定介质上是否有其他站点在发送信息。如果工作站没有监听到载波,则它假定介质空闲并开始传输。如果介质忙,则继续监听,一直到介质空闲时再发送。

(二)传输并检测冲突

在发送信息帧的同时,还要继续监听总线。如果同一段上的其他工作站同时传输,则数据在电缆上将产生冲突,冲突由介质上的信息来识别,当介质上的信号等于或大于由两个或两个以上的收发器同时传输所产生的信号时,则认为冲突产生。

(三)如果冲突发生,重传前等待

如果工作站在冲突后立即重传,则它第二次传输也将产生冲突,因此工作站在重传前必须随机地等待一段时间。

(四)重传或夭折

若工作站是在繁忙的介质上,即便其数据没有在介质上与其他产生冲突,也可能不能进行传输。工作站在它必须夭折传输前最多可以有 16 次的传输。

我们已弄清了介质上传输处理过程,现在让我们来看一下接收端的情况,工作站传输时它是双向发送的,在介质上活动的工作站实现下列四个步骤:

第一步，浏览收到的数据包并且校验是否成为碎片。在 Ethernet 局域网上，介质上的所有工作站将浏览传输中的每一个数据包，并不考虑其地址是否是本地工作站。接收站检查数据包来保证它有合适的长度，而不是由冲突引起的碎片，包长度最小为 64 字节。即当接收的帧长度小于 64 字节时，则认为是不完整的帧而将它丢弃。

第二步，检验目标地址。接收站在判明已不是碎片之后，下一步是校验包的目标地址，看它是否要在本地处理，如果不匹配，则说明不是发送给本站的而将它丢弃掉。

第三步，如果目标是本地工作站，则校验数据包的完整性。在这一步，接收站由于并不知道包是否具有正确的格式，因此需要对帧进行多种校验，看是否数据包太长，是否包含 CRC 校验错，是否有合适的帧定位界，如果帧全都成功地通过了这些校验，则进行最后的长度校验。接收到的帧长必须是 8 位的整数倍，否则丢弃掉。

第四步，处理数据包。如果已通过了所有的校验，则认为帧是有效的，其格式正确、长度合法，这时候就可以将有效的帧提交给 LLC 层了。

在 CSMA/CD 网络上，工作站为了处理一个数据包，必须完成以上所有步骤。

二、令牌访问控制方法

令牌法（Token passing）又称为许可证法，用于环型结构局域网的令牌法称为令牌环访问控制法（Token Ring），用于总线型结构局域网的令牌法称为令牌总线访问控制法（Token Bus）。

令牌法的基本思想是：一个独特的称为令牌的标志信息（标志信息可以是一位，也可以是多位二进制数组成的码）从一个节点发送到另一个节点。例如令牌是一个字节的二进制数"11111111"，设该令牌沿环型网依次向每个节点传递，只有获得令牌的节点才有权发送信包。令牌有"忙""空"两个状态，"11111111"为空令牌状态。当一个工作站准备发送报文信息时，首先要等待令牌的到来，当检测到一个经过它的令牌为空令牌时，即可以"帧"为单位发送信息，并将令牌置为"忙"（例如将 00000000 标志附在信息尾部）向下一站发送。下一站用按位转发的方式转发经过本站但又不属于由本站接收的信息。由于环境中已无空闲令牌，因此其他希望发送的工作站必须等待。接收过程为：每一站随时检测经过本站的信号，当查到信号指定的目的地址与本站地址相同时，则一面拷贝全部有关信息，一面继续转发该信息包，环上的帧信息绕环网一周，由原发送点予以收回。按这种方式工作，发送权一直在源站点控制之下，只有发送信包的源站点放弃发送权，把 Token（令牌）置"空"后，其他站点得到令牌才有机会发送自己的信息。

第三节　以太网技术

在网络世界里，以太网技术可以说是无处不在。尽管以太网的历史还说不上悠久，但是，以太网络性能已经非常可靠和稳定，它成本低廉，易于管理和维护，可伸缩性强，千兆位以太网技术的发展进一步扩展了以太网技术的可伸缩性。现在几乎所有流行的操作系统和应用都是兼容以太网的,这些都是吸引用户使用以太网技术的重要因素。

正如前面所提到的,Ethernet 采用的协议是 CSMA/CD,符合 IEEE802.3 标准,但是以太网只表示了实现 802.3 的某个特定产品。按照传输速率,我们通常把以太网分为 10M 以太网、100M 以太网、1000M 以太网和万兆以太网。

一、传统以太网

传统以太网又叫 10M 以太网。常用的 10M 以太网标准有 10Base5、10Base2、10Base-T 和 10Base-F 等。

10Base5 网络采用 50 欧姆粗同轴电缆并使用外部收发器的 Ethernet,所以又被称为粗以太网。其网络拓扑结构为总线型,连接处通常采用插入式分接头,将其触针插入到同轴电缆的内芯。

10Base2 网络是指采用 50 欧姆细同轴电缆并使用网卡内部收发器的 Ethernet,所以又被称之为细以太网。它的网络拓扑结构为总线型,接头处采用工业标准的 BNC 连接器组成 T 型插座,而不是采用插入式分接头,它使用灵活,可靠性高。

10Base-T,T 表示双绞线。10Base-T 是采用无屏蔽双绞线(UDP)实现 10MBps 传输速率的 Ethernet,10Base-T 技术的特点是通过集线器与 10Base-T 物理介质相连接,这种结构使增添和移去站点都十分简单,并且很容易检测到电缆故障。

因为 10Base-T 网络采用的是和电话系统相一致的星形结构,且使用相同的 UDP 电缆,能够很容易实现网络线和电话线的统一布线,以实现综合布线系统。这使得 10Base-T 网络的安装和维护简单易行且费用低廉,因此它的应用也越来越广泛。

10Base-F 网络采用光纤作为传输介质,这种方式具有良好的抗干扰性,但费用昂贵。

二、100M 以太网

速度达到或者超过 100Mbps 的以太网称为快速以太网。10Mbps 以太网可以方便地升级为快速以太网,原有的 10M 型 LAN 可以无缝地连接到 100M 型 LAN 上,这是其他新型网络技术所无法比拟的。

常见的快速以太网有以下几种类型。

(一)100Base-T4

如果你想在速率有限的基础设施上获得快速以太网的性能而又不想升级网络电缆,100Base-T4 可能会适合你。它使用 3 类 UTP,采用的信号速度为 25MHz,需要四对双绞线,不使用曼彻斯特编码,而是三元信号,每个周期发送 4 比特,这样就获得了所要求的 100Mb/s,还有一个 33.3Mb/s 的保留信道。该方案即所谓的 8B6T(8 比特被映射为 6 个三进制位)。

(二)100Base-TX

100Base-TX 性能类似于 100Base-T4,但是使用 5 类 UTP,其设计比较简单,因为它可以处理速率高达 125MHz 以上的时钟信号,每个站点只需使用两对双绞线,一对连向集线器,另一对从集线器引出。它没有采用直接的二进制编码,而是采用了一种运行在 125MHz 下的被称为 4B5B 的编码方案。100Base-TX 是全双工的系统。与 100Base-T4 相比, 100Base-TX 拥有更加可靠的网络结构来传递数据。100Base-T4 和 100Base-TX 可使用两 种类型(共享式、交换式)的集线器,它们统称为 100Base-T。

（三）100Base-FX

100Base-FX 拥有同样的传输速率,更强的性能,但费用昂贵。它使用两束多模光纤,每 束都可用于两个方向,因此它也是全双工的,并且站点与集线器之间的最大距离高达 2km。

三、千兆以太网

当前以太网的工作速率为 10Mbps 或 100Mbps,为了适应网络应用对网络更大带宽的 需求,3Com 公司和其他一些厂商成立了千兆以太网联盟,研制和开发了千兆以太网技术。 1998 年 6 月,IEEE 正式通过千兆以太网标准 IEEE802.3z。

千兆以太网标准规定:允许以 1Gb/s 的速率进行半双工、全双工操作,这样,带宽将增加 10 倍,从而以高达 1000Mbps 的速率传输。使用 802.3 以太网帧格式,由于它与 10Mbps 的 以太网和 100Mbps 的快速以太网使用同样的数据结构,因此现在使用以太网技术的用户可 以很容易地升级到千兆位以太网。使用 CSMA/CD 访问方式,为了使千兆以太网在保持 G 级速率的条件下仍能维持 200 米的网络访问距离,千兆以太网增强了 C8MA/CD 的功能,采 用了包突发(packet bursting)机制。它的物理层支持多种传输媒体,可以使用光纤,同轴电 缆,甚至 UDP 各种介质。

常见的千兆以太网标准有:1000Base-SX、1000Base-LX、1000Base-CX 等。千兆以太网 产品包括交换机、上联/下联模块、网卡、路由器接口和数据缓冲分配器。

千兆以太网在传统以太网的基础上平滑过渡,综合了现有的端点工作站、管理工具和培 训基础等各种因素。对于广大的网络用户来说,意味着现有的投资可以在合理的初始开销 上延续到千兆以太网,不需要重新培训技术人员和用户,不需要进行另外的协议和中间件的 投资。由于以上原因千兆以太网将成为 10/100Base-T 交换机、连接高性能服务器的理想主 干网互联技术,成为未来高于 100Base-T 带宽的台式计算机升级的理想技术。下面介绍几 种常见的升级方案。

（一）交换机到交换机链路的升级

这是一个非常直接的升级方案,就是将快速以太网交换机之间或中继器之间的 100Mbps 链路提高到 1000Mbps。

（二）交换机到服务器链路的升级

将快速以太网交换机升级为千兆以太网交换机,以获得从具备千兆以太网网卡的高性 能的超级服务器集群到网络的高速互联能力。

（三）交换式快速以太主干网的升级

连接多个 10/100 交换机的快速以太网主干交换机可以升级为千兆以太网交换机,升级 后,高性能的服务器可以通过千兆以太网接口卡直接连接到主干上,为宽带用户提供更高的访问能力。同时网络可以支持更多的网段,为每个网段提供更大的带宽,使各网段支持更多的节点接入。

四、万兆以太网

万兆位以太网也称为万兆以太网。以太网的传输速率从 1000Mbps 提高到 10000Mbps 要解决许多技术问题。万兆以太网的主要特点如下:

①采用 802.3 以太网的帧格式,保留了 802.3 标准规定的以太网最小和最大帧长。这就便于用户升级后的以太网能和较低速的以太网通信。

②只工作在全双工工作方式,因此不存在争用问题,也就不使用 CSMA/CD 协议。

③为了实现很高速率传输,万兆以太网只使用光纤作为传输媒体,不再使用铜线,并且使用长距离(超过 40km)的光收发器与单模光纤接口,使它能够在广域网和城域网的范围工作。万兆以太网能够使用多种光纤媒体。当使用多模光纤时,传输距离为 900m,而在使用单模光纤时可支持 10km,当使用 1550nm 波长的单模光纤时,传输距离可达 40km。

④万兆以太网的物理层不再使用已有的光纤通道技术,而是使用新开发的技术。例如,信号采用 64B/66B 编码,也就是说每发送 64 比特用 66 个比特组成编码数据段,比特利用率达 97%,而千兆以太网的 8B/10B 编码的比特利用率只有 80%。

万兆以太网的物理层分为局域网物理层和广域网物理层两种:①局域网物理层 LAN PHY:局域网物理层的数据率是 10.000Gbps。一个万兆以太网交换机可以支持 10 个千兆以太网端口。②广域网物理层 WAN PHY:万兆以太网只有异步接口,为了能和同步光纤同步数字体系 SONET/SOH(即 OC-192/STM-64)相连接,设置可选的 WANPHY,使其具有 SO-NET/SOH 的某些特性。

万兆以太网的出现使以太网的工作范围从局域网扩大到城域网和广域网,从而实现了端到端的以太网传输。在统一的以太网方式下:①网络的互操作性好。不同厂家生产的以太网都能可靠地进行互操作。②降低投资费用。在广域网中使用以太网,其价格只有 SO-NET 的五分之一,ATM 的十分之一。而且由于以太网能适应多种传输媒体,如铜缆、双绞线以及各种光缆,这就使具有不同传输媒体的用户在进行通信时,不必重新布线,而节约投资。③简化操作和管理。因为端到端的以太网连接使用的全都是以太网的格式,不需要再进行帧格式的格式转换。但是,以太网和现有其他网络(如帧中继或 ATM 网络)进行互联仍然需要相应的接口。

第四节　无线局域网技术

局域网络管理的主要工作之一就是铺设电缆或是检查电缆是否断线这种耗时的工作,很容易令人烦躁,也不容易在短时间内找出断线所在。再者,由于配合企业及应用环境不断的更新与发展,原有的企业网络必须配合重新布局,需要重新安装网络线路。虽然电缆本身并不贵,可是请技术人员来配线的成本很高,尤其是老旧的大楼,配线工程费用就更高了。

因此,架设无线局域网络就成为最佳解决方案。

无线局域网(Wireless Local Area Networks,简写为WLAN)是无线电波作为数据传送的媒介,传送距离一般只有几十米。无线局域网的主干网络通常使用有线电缆,无线局域网用户通过一个或多个无线接入点接入无线局域网。无线局域网现在已经广泛地应用在商务区、机场及其他公共区域。无线局域网最通用的标准是IEEE定义的802.11系列标准。

一、无线局域网的特点

①灵活性和移动性。在有线网络中,网络设备的安放位置受网络位置的限制,而无线局域网在无线信号覆盖区域内的任何一个位置都可以接入网络。无线局域网另一个最大的优点在于其移动性,连接到无线局域网的用户可以移动且能同时与网络保持连接。

②安装便捷。无线局域网可以免去或最大程度地减少网络布线的工作量,一般只要安装一个或多个接入点设备,就可建立覆盖整个区域的局域网络。

③易于进行网络规划和调整。对于有线网络来说,办公地点或网络拓扑的改变通常意味着重新建网。重新布线是一个昂贵、费时、浪费和琐碎的过程,无线局域网可以避免或减少以上情况的发生。

④故障定位容易。有线网络一旦出现物理故障,尤其是由于线路连接不良而造成的网络中断,往往很难查明,而且检修线路需要付出很大的代价。无线网络则很容易定位故障,只需更换故障设备即可恢复网络连接。

⑤易于扩展。无线局域网有多种配置方式,可以很快从只有几个用户的小型局域网扩展到上千用户的大型网络,并且能够提供节点间"漫游"等有线网络无法实现的特性。由于无线局域网有以上诸多优点,因此其发展十分迅速。近几年,无线局域网已经在企业、医院、商店、工厂和学校等场合得到了广泛的应用。

无线局域网的不足之处是无线局域网在能够给网络用户带来便捷和实用的同时,也存在着一些缺陷。无线局域网的不足之处体现在以下几个方面:①性能。无线局域网是依靠无线电波进行传输的。这些电波通过无线发射装置进行发射,而建筑物、车辆、树木和其他障碍物都可能阻碍电磁波的传输,所以会影响网络的性能。②速率。无线信道的传输速率与有线信道相比要低得多。目前,无线局域网的最大传输速率为1Gbit/s,只适合于个人终端和小规模网络应用。③安全性。本质上无线电波不要求建立物理的连接通道,无线信号是发散的。从理论上讲,很容易监听到无线电波广播范围内的任何信号,造成通信信息泄漏。

二、无线局域网的组成

无线局域网通常是作为有线局域网的补充而存在的,单纯的无线局域网比较少见,通常只应用于小型办公室网络中。在无线局域网WLAN中,主要网络结构只有两类:一种就是类似于对等网的Ad-Hoc结构;另一种则是类似于有线局域网中星型结构的Infrastructure结构。

（一）点对点 Ad-Hoc 结构

无固定基础设施的无线局域网自组网络（ad hoc network），即点对点 Ad-Hoc 对等结构，就相当于有线网络中的多机直接通过网卡互联，中间没有集中接入设备，信号是直接在两个通信端点对点传输的。

在有线网络中，因为每个连接都需要专门的传输介质，所以在多机互连中，一台中可能要安装多块网卡。而在 WLAN 中，没有物理传输介质，信号不是通过固定的传输作为信道传输的，而是以电磁波的形式发散传播的，所以在 WLAN 中的对等连接模式中，各用户无须安装多块 WLAN 网卡，相比有线网络来说，组网方式要简单许多。

Ad-Hoc 对等结构网络通信中没有一个信号交换设备，网络通信效率较低，所以仅适用于较少数量的计算机无线互连。同时由于这一模式没有中心管理单元，所以这种网络在可管理性和扩展性方面受到一定的限制，连接性能也不是很好。而且各无线节点之间只能单点通信，不能实现交换连接，就像有线网络中的对等网一样。这种无线网络模式通常只适用于临时的无线应用环境，如小型会议室，SOHO 家庭无线网络等。

（二）基于 AP 的 Infrastructure 结构

这种基于无线 AP 的 Infrastructure（基础）结构模式其实与有线网络中的星型交换模式差不多，也属于集中式结构类型，其中的无线 AP 相当于有线网络中的交换机，起着集中连接和数据交换的作用。在这种无线网络结构中，除了需要像 Ad-Hoc 对等结构中在每台主机上安装无线网卡，还需要一个 AP 接入设备，俗称"访问点"或"接入点"。这个 AP 设备就是用于集中连接所有无线节点，并进行集中管理的。当然一般的无线 AP 还提供了一个有线以太网接口，用于与有线网络、工作站和路由设备的连接。

这种网络结构模式的特点主要表现在网络易于扩展、便于集中管理、能提供用户身份验证等优势，另外数据传输性能也明显高于 Ad-Hoc 对等结构。在这种 AP 网络中，AP 和无线网卡还可针对具体的网络环境调整网络连接速率，如 11Mbps 的可使用速率可以调整为 1Mbps、2Mbps、5.5Mbps 和 11Mbps4 档；54Mbps 的 IEEE 802.11a 和 IEEE 802.11g 的则更是有 54Mbps、48Mbps、36Mbps、24Mbps、18Mbps、12Mbps、11Mbps、9Mbps、6Mbps、5.5Mbps、2Mbps、1Mbps 共 12 个不同速率可动态转换，以发挥相应网络环境下的最佳连接性能。

理论上一个 IEEE 802.11b 的 AP 最大可连接 72 个无线节点，实际应用中考虑到更高的连接需求，我们建议为 10 个节点以内。其实在实际的应用环境中，连接性能往往受到许多方面因素的影响，所以实际连接速率要远低于理论速率，如上面所介绍的 AP 和无线网卡可针对特定的网络环境动态调整速率，原因就在于此。当然还要看具体应用，对于带宽要求较高（如学校的多媒体教学、电话会议和视频点播等）的应用，最好单个 AP 所连接的用户数少些；对于简单的网络应用可适当多些。同时要求单个 AP 所连接的无线节点要在其有效的覆盖范围内，这个距离通常为室内 100 米左右，室外则可达 300 米左右。当然如果是 IEEE 802.11a 或 IEEE 802.11g 的 AP，因为它的速率可达到 54Mbps，有效覆盖范围也比 IEEE 802.11b 的大 1 倍以上，理论上单个 AP 的理论连接节点数在 100 个以上，但实际应用中所连接的用户数最好在 20 个左右。

另外,基础结构的无线局域网不仅可以应用于独立的无线局域网中,如小型办公室无线网络、SOHO 家庭无线网络,也可以以它为基本网络结构单元组建成庞大的无线局域网系统,如 ISP 在"热点"位置为各移动办公用户提供的无线上网服务,在宾馆、酒店、机场为用户提供的无线上网区等。

三、无线网络互连

WLAN 的实现协议有很多,其中最为著名也是应用最为广泛的当属 Wi-Fi,它实际上提供了一种能够将各种终端都使用无线进行互联的技术,为用户屏蔽了各种终端之间的差异性。

在实际应用中,WLAN 的接入方式很简单,以家庭 WLAN 为例,只需一个无线接入设备一路由器,一个具备无线功能的计算机或终端(手机或 PAD),没有无线功能的计算机只需外插一个无线网卡即可。有了以上设备后,具体操作如下:使用路由器将热点(其他已组建好且在接收范围的无线网络)或有线网络接入家庭,按照网络服务商提供的说明书进行路由配置,配置好后在家中覆盖范围内(WLAN 稳定的覆盖范围大概在 20 m～50 m 之间)放置接收终端,打开终端的无线功能,输入服务商给定的用户名和密码即可接入 WLAN。

四、无线局域网的应用

作为有线网络无限延伸,WLAN 可以广泛应用在生活社区、游乐园、旅馆、机场车站等游玩区域实现旅游休闲上网;可以应用在政府办公大楼、校园、企事业等单位实现移动办公,方便开会及上课等;可以应用在医疗、金融证券等方面,实现医生在路途中对病人在网上诊断,实现金融证券室外网上交易。

对于难于布线的环境,如老式建筑、沙漠区域等,对于频繁变化的环境,如各种展览大楼;对于临时需要的宽带接入,流动工作站等,建立 WLAN 是理想的选择。

WLAN 的典型应用场景如下:

①大楼之间:大楼之间建构网络的连结,取代专线,简单又便宜。

②餐饮及零售:餐饮服务业可使用无线局域网络产品,直接从餐桌即可输入并传送客人点菜内容至厨房、柜台。零售商促销时,可使用无线局域网络产品设置临时收银柜台。

③医疗:使用附无线局域网络产品的手提式计算机取得实时信息,医护人员可藉此避免对伤患救治的迟延、不必要的纸上作业、单据循环的迟延及误诊等,而提升对伤患照顾的品质。

④企业:当企业内的员工使用无线局域网络产品时,不管他们在办公室的任何一个角落,有无线局域网络产品,就能随意地发电子邮件、分享档案及上网络浏览。

⑤教育行业:WLAN 可以让教师和学生对教与学的实时互动。学生可以在教室、宿舍、图书馆利用移动终端机向教师问问题、提交作业;教师可以时时给学生上辅导课,学生可以利用 WLAN 在校园的任何一个角落访问校园网,WLAN 可以成为一种多媒体教学的辅助

手段。

⑥证券行业应用:有了 WLAN,股市有了菜市场般的普及和活跃。原来,很多炒股者利用股票机看行情,现在不用了,WLAN 能够让您实现实时看行情实时交易。股市大户室也可以不去了,不用再为大户室交纳任何费用。

五、无线局域网的安全技术

随着无线局域网技术的快速发展,WLAN 市场、服务和应用的增长速度非常惊人,各级组织在选用 WLAN 产品时如何使用安全技术手段来保护 WLAN 中传输的数据——特别是敏感的、重要的数据的安全,是值得考虑的非常重要的问题,必须确保数据不外泄和数据的完整性。

有线网络和无线网络有着不同的传输方式。有线网络的访问控制往往以物理端口接入方式进行监控,数据通过双绞线、光纤等介质传输到特定的目的地,有线网络辐射到空气中的电磁信号强度很小,很难被窃听,一般情况下,只有在物理链路遭到盗用后数据才有可能泄漏。而无线网络的数据传输是利用电磁波在空气中辐射传播,只要在接入点(AP,Access Point)覆盖的范围内,所有的无线终端都可以接收到无线信号。无线网络的这种电磁辐射的传输方式是无线网络安全保密问题尤为突出的主要原因。

通常网络的安全性主要体现在两个方面:一是访问控制,它用于保证敏感数据只能由授权用户进行访问;另一个是数据加密,它用于保证传送的数据只被所期望的用户所接收和理解。无线局域网相对于有线局域网所增加的安全问题主要是由于其采用了电磁波作为载体来传输数据信号,其他方面的安全问题两者是相同的。

(一)WLAN 的访问控制技术

1. 服务集标识 SSID(Service Set Identifier)匹配

通过对多个无线 AP 设置不同的 SSID 标识字符串(最多 32 个字符),并要求无线工作站出示正确的 SSID 才能访问 AP,这样就可以允许不同群组的用户接入,并对资源访问的权限进行区别限制。但是 SSID 只是一个简单的字符串,所有使用该无线网络的人都知道该 SSID,很容易泄漏;而且如果配置 AP 向外广播其 SSID,那么安全程度还将下降,因为任何人都可以通过工具或 Windows XP 自带的无线网卡扫描功能就可以得到当前区域内广播的 SSID。所以,使用 SSID 只能提供较低级别的安全防护。

2. 物理地址(MAC,Media Access Control)过滤

由于每个无线工作站的网卡都有唯一的类似于以太网的 48 位的物理地址,因此可以在 AP 中手工维护一组允许访问的 MAC 地址列表,实现基于物理地址的过滤。如果各级组织中的 AP 数量很多,为了实现整个各级组织所有 AP 的无线网卡 MAC 地址统一认证,现在有的 AP 产品支持无线网卡 MAC 地址的集中 RADIUS 认证。物理地址过滤的方法要求 AP 中的 MAC 地址列表必须及时更新,因此此方法维护不便、可扩展性差;而且 MAC 地址还可以通过工具软件或修改注册表伪造,因此这也是较低级别的访问控制方法。

3. 端口访问控制技术(IEEE 802.1x)和可扩展认证协议(EAP)

由于以上两种访问控制技术的可靠性、灵活性、可扩展性都不是很好,802.1x 协议应运而生,802.1x 定义了基于端口的网络接入控制协议(Port Based Network Access Control),其主要目是解决无线局域网用户的接入认证问题,802.1x 架构的优点是集中式、可扩展,双向用户验证。有线局域网通过固定线路连接组建,计算机终端通过网线接入固定位置物理端口,实现局域网接入,这些固定位置的物理端口构成有线局域网的封闭物理空间。但是,由于无线局域网的网络空间具有开放性和终端可移动性,所以很难通过网络物理空间来界定终端是否属于该网络,因此,如何通过端口认证来防止非法的移动终端接入本单位的无线网络就成为一项非常现实的问题。

IEEE 802.1x 提供了一个可靠的用户认证和密钥分发的框架,可以控制用户只有在认证通过以后才能连接到网络。但 IEEE 802.1x 本身并不提供实际的认证机制,需要和扩展认证协议 EAP(Extensible Authentication Protocol)配合来实现用户认证和密钥分发。EAP 允许无线终端使用不同的认证类型,与后台的认证服务器进行通讯,如远程认证拨号用户服务器(RADIUS)交互。EAP 的类型有 EAP-TLS、EAP-TTLS、EAP-MD5、PEAP 等类型,EAP-TLS 是现在普遍使用的,因为它是唯一被 IETF(因特网工程任务组)接受的类型。当无线工作站与无线 AP 关联后,是否可以使用 AP 的受控端口要取决于 802.1x 的认证结果,如果通过非受控端口发送的认证请求通过了验证,则 AP 为无线工作站打开受控端口,否则一直关闭受控端口,用户将不能上网。

(二)WLAN 的数据加密技术

1. WEP(Wired Equivalent Privacy)有线等效保密

为了保证数据能安全地通过无线网络传输而制定的一个加密标准,使用了共享秘钥 RC4 加密算法,只有在用户的加密密钥与 AP 的密钥相同时才能获准存取网络的资源,从而防止非授权用户的监听以及非法用户的访问。密钥长度最初为 40 位(5 个字符),后来增加到 128 位(13 个字符),有些设备可以支持 152 位加密。

WEP 标准在保护网络安全方面存在固有缺陷,例如一个服务区内的所有用户都共享同一个密钥,一个用户丢失或者泄漏密钥将使整个网络不安全。另外,WEP 加密有自身的安全缺陷,有许多公开可用的工具能够从互联网上免费下载,用于入侵不安全网络。而且黑客有可能发现网络传输,然后利用这些工具来破解密钥,截取网络上的数据包,或非法访问网络。

2. WPA 保护访问(Wi-Fi Protected Access)技术

WEP 存在的缺陷不能满足市场的需要,而最新的 IEEE 802.11i 安全标准的批准被不断推迟,Wi-Fi 联盟适时推出了 WPA 技术,作为临时代替 WEP 的无线安全标准协议,为 IEEE 802.11 无线局域网提供较强大的安全性能。WPA 实际上是 IEEE 802.11i 的一个子集,其核心就是 IEEE 802.1x 和 TKIP。

新一代的加密技术 TKIP,与 WEP 一样基于 RC4 加密算法,但对现有的 WEP 进行了改进,使用了动态会话密钥。TKIP 引入了 48 位初始化向量(IV)和 IV 顺序规则(IV Sequencing Rules)、每包密钥构建(Per-Packet Key ConstrUCtion)、Michael 消息完整性代码(Message Integrity Code,MIC)以及密钥重获/分发 4 个新算法,极大提高了无线网络数据加密安全强度。

WPA 之所以比 WEP 更可靠,就是因为它改进了 WEP 的加密算法。由于 WEP 密钥分配是静态的,黑客可以通过拦截和分析加密的数据,在很短的时间内就能破解密钥。而在使用 WPA 时,系统频繁地更新主密钥,确保每一个用户的数据分组使用不同的密钥加密,即使截获很多的数据,破解起来也非常地困难。

3. WLAN 验证与安全标准——IEEE 802.1li

为了进一步加强无线网络的安全性和保证不同厂家之间无线安全技术的兼容性,IEEE802.11 工作组于 2004 年 6 月正式批准了 IEEE 802.1li 安全标准,从长远角度考虑解决 IEEE 802.11 无线局域网的安全问题。IEEE 802.1li 标准主要包含的加密技术是 TKIP(Temporal Key ntegrity Protocol)和 AES(Advanced Encryption Standard),以及认证协议 IEEE 802.1x。定义了强壮安全网络 RSN(Robust Security Network)的概念,并且针对 WEP 加密机制的各种缺陷做了多方面的改进。

IEEE 802.1li 规范了 802.1x 认证和密钥管理方式,在数据加密方面,定义了 TKIP(Temporal Key Integrity Protocol)、CCMP(Counter-Mode/CBC2 MAC Protocol)和 WRAP(Wireless Ro2bust Authenticated Protocol)三种加密机制。其中 TKIP 可以通过在现有的设备上升级固件和驱动程序的方法实现,达到提高 WLAN 安全的目的。CCMP 机制基于 AES(Advanced Encryption Standard)加密算法和 CCM(Counter2Mode/CBC2MAC)认证方式,使得 WLAN 的安全程度大大提高,是实现 RSN 的强制性要求。AES 是一种对称的块加密技术,有 128/192/256 位不同加密位数,提供比 WEP/TKIP 中 RC4 算法更高的加密性能,但由于 AES 对硬件要求比较高,因此 CCMP 无法通过在现有设备的基础上进行升级实现。

4. WLAN 的其他数据加密技术——虚拟专用网络(VPN)

虚拟专用网络(VPN)是指在一个公共 IP 网络平台上通过隧道以及加密技术保证专用数据的网络安全。它不属于 802.11 标准定义,是以另外一种强大的加密方法来保证传输安全的技术,可以和其他的无线安全技术一起使用。VPN 协议包括二层的 PPTP/L2TP 协议和三层的 IPSec 协议,IPSec 用于保护 IP 数据包或上层数据,IPSec 采用诸如数据加密标准(DES)和 168 位三重数据加密标准(3DES)以及其他数据包鉴权算法来进行数据加密,并使用数字证书来验证公钥,VPN 在客户端与各级组织之间架起一条动态加密的隧道,并支持用户身份验证,实现高级别的安全。VPN 支持中央安全管理,不足之处是需要在客户机中进行数据的加密和解密,增加了系统的负担,另外要求在 AP 后面配备 VPN 集中器,从而提高了成本。无线局域网的数据用 VPN 技术加密后再用无线加密技术加密,就好像双重门锁,提高了可靠性。

（三）建设 WLAN 时的安全事项

1. 制定安全规划

各级组织在建设 WLAN 时,在有数据安全需求时,保护网络中重要数据传输的安全是非常重要的问题,必须确保重要数据不外泄和完整性,制定合理的安全规划。

2. 从访问控制考虑

不论是对有线的以太网络还是无线的 802.11 网络,RADIUS 都是标准化的网络登录技术。支持 802.1x 协议的 RADIUS 技术,提高了 WLAN 的用户认证能力,802.1x 技术能够为用户带来高效、灵活的无线网络安全解决方案。所以,选用 802.1x 技术的无线产品是各级组织 WLAN 访问控制的最佳选择,而没有技术和设备条件的各级组织在访问控制上起码要使用 SSID 匹配和物理地址过滤技术。

3. 从数据加密考虑

无线网络的数据完全是在空气中传输,只要处于该无线信号覆盖范围内,就很容易通过其他无线设备截取信息,因此,保密性和安全性对无线产品尤为重要。WPA、TKIP、AES 等数据加密技术提供了较高的安全性,各级组织必须选用有这类安全加密标准的产品,128 位的 WEP 加密技术是迫不得已的选择。

4. 硬件安装

合理布置无线 AP 及工作站的位置,同样对网络安全性十分重要。例如,应将 AP 置于接近建筑物中心的地方,远离外向墙壁或窗户。这样不仅可使所有办公室能够更好地接入WLAN,而且还可减少来自外界的干扰,而且还应灵活地减少接入点广播强度,仅覆盖所需区域,减少被窃听的机会。

5. 技术人员重视安全技术措施

从最基本的安全制度到最新的访问控制、数据加密协议,各级组织的网络技术主管部门都需要采用最高安全保护措施。采用的安全措施越多,其网络相对就越安全,数据安全才能得到保障。

6. 用户安全教育

各级组织的网络技术人员可以让办公室中的每位网络用户负责安全性,将所有网络用户作为“安全代理”,明确每位员工都负有安全责任并分担安全破坏费用,以帮助管理风险。重要的是帮助员工了解不采取安全保护的危险性,特别需要向用户演示如何检查其电脑上的安全机制,并按需要激活这些机制,这样可以更轻松地管理和控制网络。

7. 安全制度建设

制定安全制度,进行定期安全检查。WLAN 实施是危险的,网络技术人员应该公布关于无线网络安全的服务等级协议或政策,还应指定政策负责人,积极定期检查各级组织网络上的欺骗性或未知接入点。此外,更改接入点上的缺省管理密码和 SSID,并实施动态密钥（802.1X)或定期配置密钥更新,这样有助于最大限度地减少非法接入网络的可能性。

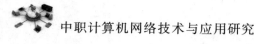

（四）WLAN 的发展及对策

WLAN 的各项技术均处在快速的发展过程当中,总的发展方向是速度会越来越快,安全性会越来越高。研制中的 IEEE 802.16 的 WiMax 标准能够在 50 公里的城域范围内进行高速无线数据传输和互联网接入,速度将达到 70Mbps;近两年来,还有许多短距离无线技术也日益走向成熟,UWB、ZigBee 和 RFID 便是其中比较典型的技术,其中 UWB 是一种短距离、高速率的无线传输技术,它能在 10 米左右的范围内实现每秒数百兆至数千兆的数据传输速率,而且,UWB 具有抗干扰性能强、能量消耗少、保密性好等诸多优点,可广泛应用于室内通信、安全检测、位置测定等诸多领域。但无线网络的安全性问题不会在短期内彻底解决,因为"矛"与"盾"总是在相互对抗中不断促进、不断提高的,各种解密技术、黑客技术也在快速发展、更新中,所以没有绝对的安全性。

第五章 网络互联与广域网接入技术

第一节 网络互联概述

网络互联是指将分布在不同地理位置或采用不同低层协议的网络相连接,以构成更大规模的互联网络系统,实现互联网络资源的共享。

在网络互联时,有许多技术和方法可以选用,究竟选用什么样的技术和方法,可以根据需要和客观条件来决定。

要实现网络互联,需要满足的基本条件有以下几个:①在需要连接的网络之间提供至少一条物理链路,并对这条链路具有相应的控制规程,使之能建立数据交换的连接。②在不同网络之间具有合适的路由,以便能相互通信及交换数据。③可以对网络的使用情况进行监视和统计,以方便网络的维护和管理。

一、网络互联的动力与问题

随着局域网的发展和广泛应用,许多企、事业单位和部门都构建了自己的内部网(主要是局域网),网络的应用和区域内信息的共享促使用户有向外延伸的需求,否则,这些内部网可能就是一个"信息孤岛",没有充分发挥作用。因此,网络互联是计算机网络发展和应用的必然要求。计算机网络互联是一个很复杂的过程,涉及多项技术,需要解决很多问题。

（一）系统标志问题

计算机网络把两个或更多的计算机用同一网络介质连接在一起,网络介质可以是线路、无线频率或任何其他通信介质。对此网络中的每个系统都必须有唯一的标志,否则一个系统无法与另一个系统通信。几乎所有传输都必须明确地寻址到一个特定系统,且所有传输都必须含有可识别的源地址,以便其响应(或出错报文)能正确地返回发送者。在一个计算机网络中,可以用多种方法为主机设定地址。例如,从1(或其他数字)开始,对所有主机连续编号,或为每台主机随机指派地址,或每台主机使用一个全球唯一的地址。这几种方法均有缺点。如果该网络不与其他网络合并,则为主机连续编号的方法没有问题。但实际上,各部门间的网络经常需要合并,整个机构也是如此。而使用随机地址的方法则带来了特定网络中或合并的网络间的唯一性问题。最后,每台主机使用全球唯一地址的方法虽然解决了地址重复问题,但需要一个中央授权机构来发放地址。目前,此问题已经解决,如我国的 IP 地址可由中国互联网信息中心（China Internet Network Information Center,CNNIC）授权发布。

（二）硬件接口设备地址关联问题

不同的硬件系统可以通过 IP 网络连接起来，这些硬件系统包括：①节点，即实现 IP 的任何设备；②路由器，即可以转发并非寻址到自己的数据的设备。也就是说，路由器可以接收发往其他地址的包并进行转发，这主要是由于路由器连接多个物理网络；③主机，即非路由器的任何网络节点。

实际上，对于绝大部分网络接口设备都有授权机构来确保每个接口设备制造商使用自己的地址范围，从而可以保证每个设备具备一个唯一号码。这意味着网络中的数据可以直接定向到与网络中每个系统使用的网络硬件接口关联的地址，这从根本上解决了网络中目的主机之间网络地址关联以便发送数据的问题。

（三）业务流跟踪和选路问题

如果所有网络都是同一种类型，如以太局域网，则网络互联很容易实现。连接局域网的方法之一是使用网桥，网桥将侦听两个网络上的业务流，如果发现有数据从一个网络传送到另一网络，它将该数据重传到目的网络。但是，连接较多局域网的复杂的互联网络很难处理，要求连接局域网的设备能够了解每个系统的地址和网络位置。即便是同一地点和同一网络上的系统，随着系统数量的增加，对业务流跟踪和选路的任务也较为困难。

二、网络互联的类型与层次

（一）网络互联的类型

网络互联的类型有局域网与局域网互联、局域网与广域网互联、局域网通过广域网与局域网互联、广域网与广域网互联。

（二）网络互联的层次

1.物理层互联

只对比特信号进行波形整形和放大后再发送，可扩大一个网络的作用范围，通常没有管理能力。常用的设备有集线器和中继器。

2.数据链路层互联

只在数据链路层对帧信息进行存储转发，对传输的信息具有较强的管理能力，在网络互联中起到数据接收、地址过滤与数据转发的作用，可以用来实现多个网络系统之间的数据交换。常用的设备有网桥和交换机。

3.网络层互联

在网络层对数据包进行存储转发，对传输的信息具有很强的管理能力，解决路由选择、拥塞控制、差错处理和分段技术问题。常用的设备有路由器。

4.网络层以上的互联

对传输层及传输层以上的协议进行转换，实际上是一个协议转换器，通常叫作网关，又称为网间连接器、信关或联网机。网关是中继系统中最复杂的一种，通过网关互联又叫作高层互联。

第二节　网络互联设备

一、物理层网络互联的设备

（一）中继器

在以太网中,由于网卡芯片驱动能力的限制,单个网段的长度只能限制在100m,为扩展网络的跨度,就用中继器将多个网段连接起来成为一个网络。由于受 MAC 协议的定时特性限制,扩展网络时使用的中继器的个数是有限的。在共享介质的局域网中,最多只能使用4 个中继器,将网络扩展到 5 个网段的长度。

中继器主要用于扩展传输距离,其功能是把从一条电缆上接收的信号再生,并发送到另一条电缆上。中继器能够把不同传输介质的网络连在一起,但一般只用于数据链路层以上相同局域网的互联,它不能连接两种不同介质访问类型的网络(如令牌环网和以太网之间不能使用中继器互联)。中继器只是一个纯硬件设备,工作在物理层,对高层协议是透明的。因此它只是一个网段的互联设备,而不是网络的互联设备。

（二）集线器

集线器是具有集线功能多端口的以太网中继器。由于交换机的发展,集线器已经被淘汰。

二、数据链路层互联设备

（一）网桥

网桥是数据链路层上实现不同网络互联的设备,以接收、存储、地址过滤和转发的方式实现互联网之间的通信,能够互联两个采用不同数据链路层协议、不同传输介质和不同传输速度的网络,分隔两个网络之间的广播通信量,改善互联网络的性能和安全性。网桥需要互联的网络在数据链路层上采用相同的协议。

（二）交换机

二层交换机(如果没有特殊申明,交换机就是指二层交换机)工作在数据链路层,交换机可以在网络中提供和网段间的帧交换,解决带宽缺乏引起的性能问题,并提高网络的总带宽,在端到端的基础上将局域网的各段及各独立站点连接起来,把网络分割成较小的冲突域。交换机的主要特征有以下几个:①交换机为每一个独立的端口提供全部的 LAN 介质带宽。②交换机会在开机后构造一张 MAC 地址与端口对照表,通过比较数据帧中的目的地址与对照表,将数据帧转发到正确的端口。若收到的数据帧的目的地址不在对照表中,则用广播的方式转发。③交换机可以在同一时刻建立多个并发的连接,同时转发多个帧,从而达到带宽倍加的效果。

由于交换机优良的性能,它极大地提高了局域网的效率,在局域网组网和互联时已必不可少,但是,它也存在不能隔离广播等问题。因此,引入了三层交换技术,进一步改善了互联网络的性能和安全性。

(三)网络层互联设备

路由器工作在网络层是对数据包进行操作,利用数据头中的网络地址与它建立的路由表比较来进行寻址。路由器可以用于局域网与局域网互联、局域网与广域网互联及局域网通过广域网与局域网互联。如果互联的局域网高层采用不同的协议,则需要使用多协议路由器。

(四)网关

网关用于互联异构网络,网关通过使用适当的硬件和软件来实现不同协议之间的转换功能。

异构网络是指不同类型的网络,这些网络至少从物理层到网络层的协议都不同,甚至从物理层到应用层所有各层对应层次的协议都不同。因此,在网关中至少要进行网络层及其以下各层的协议转换。

三、路由器和网关的概念

当连接多个网段的主机时,需要使用路由器。路由器分硬件路由器和软件路由器(运行路由软件的主机)两类,其工作原理是相同的,但我们平时所说的路由器一般指硬件路由器。

路由器有两个或两个以上的接口,接口须配置 IP 地址,且接口 IP 地址不能位于同一网段,因为路由器的每个接口必须连接不同的网络,各网络中的主机网关就是路由器相应的接口 IP 地址。路由器在网络中的作用就像交通图中的交换指示牌,用于告诉主机数据是如何通信的。

路由器由于要连接多个网段(网络),所以路由器一般有多个网络接口,这些网络接口除常见的 RJ-45 口外,也可能是接广域网专线的高速同/异步口、接 ISDN 专线的 ISDN 口等。

路由器可以用于局域网与局域网互联、局域网与广域网互联及局域网通过广域网与局域网互联,它是一个物理设备。一般局域网的网关就是路由器的 IP 地址,是一个网络连接到另一个网络的"关口"。

网关(Gateway)又称网间连接器、协议转换器。默认网关在网络层上实现网络互联,是最复杂的网络互联设备,仅用于两个高层协议不同的网络互联。网关的结构也和路由器类似,不同的是互联层。网关既可以用于广域网互联,也可以用于局域网互联。

那么网关到底是什么呢?网关实质上是一个网络通向其他网络的 IP 地址。例如,有网络 A 和网络 B,网络 A 的 IP 地址范围为 192.168.1.1～192.168.1.254,子网掩码为 255.255.255.0;网络 B 的 IP 地址范围为 192.168.2.1～192.168.2.254,子网掩码为 255.255.255.0。在没有路由器的情况下,两个网络之间是不能进行 TCP/IP 通信的,即使是两个网络连接在同一台交换机(或集线器)上,TCP/IP 协议也会根据子网掩码(255.255.255.0)判定两个网络中的主机处在不同的网络里。而要实现这两个网络之间的通信,则必须通过网关。如果网络 A 中的主机发现数据包的目的主机不在本地网络中,就把数据包转发给它自己的网关,再由网关转发给网络 B 的网关,网络 B 的网关再转发给网络 B

的某个主机。这就是网络 A 向网络 B 转发数据包的过程。

所以说，只有设置好网关的 IP 地址，TCP/IP 协议才能实现不同网络之间的相互通信。那么这个 IP 地址是哪台机器的 IP 地址呢？网关的 IP 地址是具有路由功能的设备的 IP 地址，具有路由功能的设备有路由器、启用了路由协议的服务器（实质上相当于一台路由器）、代理服务器（也相当于一台路由器），在实际的企业网中，各个 VLAN 的网关通常是一台三层交换机的逻辑三层 VLAN 接口来充当。

四、路由器的主要功能

路由是指把数据从一个地方传送到另一个地方的行为和动作，而路由器正是执行这种行为动作的机器，它的英文名称为 Router，是一种连接多个网络或网段的网络设备，它能将不同网络或网段之间的数据信息进行"翻译"，以使它们能够相互"读懂"对方的数据，从而构成一个更大的网络。

简单来讲，路由器主要有以下几种功能。

（一）网络互联

路由器支持各种局域网和广域网接口，主要用于互联局域网和广域网，实现不同网络互相通信。

（二）数据处理

提供包括分组过滤、分组转发、优先级、复用、加密、压缩和防火墙等功能。

（三）网络管理

路由器提供包括配置管理、性能管理、容错管理和流量控制等功能。

为了完成路由的工作，在路由器中保存着各种传输路径的相关数据路由表（Routing Table），供路由选择时使用。路由表中保存着子网的标志信息、网上路由器的个数和下一个路由器的名称等内容。路由表可以是由系统管理员固定设置好的，也可以由系统动态修改；可以由路由器自动调整，也可以由主机控制。在路由器中涉及两个有关地址的名称概念，即静态路由表和动态路由表。由系统管理员事先设置好的固定的路由表称为静态（static）路由表，一般是在系统安装时就根据网络的配置情况预先设定的，它不会随未来网络结构的改变而改变。动态（dynamic）路由表是路由器根据网络系统的运行情况而自动调整的路由表。路由器根据路由选择协议（Routing Protocol）提供的功能，自动学习和记忆网络运行情况，在需要时自动计算数据传输的最佳路径。

五、路由器的工作原理

对于普通用户来说，所能够接触到的只是局域网的范围，通过在 PC 上设置默认网关就可以对局域网的计算机与 Internet 进行通信，在计算机上所设置的默认网关就是路由器以太口的 IP 地址，如果局域内的计算机要和外面的计算机进行通信，只要把请求提交给路由器的以太口即可，接下来的工作就由路由器来完成。因此可以说路由器就是互联网的中转站，网络中的包就是通过一个一个的路由器转发到目的网络的。

那么路由器是如何进行包的转发的呢？就像一个人如果要去某个地方，则在他的脑海里一定要有一张地图，而在每个路由器的内部也有一张地图，这张地图就是路由表。在这个路由表中包含有该路由器掌握的所有目的网络地址，以及通过此路由器到达这些网络中的最佳路径，这个最佳路径指的是路由器的某个接口或下一条路由器的地址。

六、路由器的分类

（一）接入路由器

接入路由器主要连接家庭或服务提供商内的小型企业客户。接入路由器可以支持 SLIP 或点到点连接（Point-to-Point Connection，PPC），还支持如 PPTP 和 IPSec（IP 安全协议）等虚拟私有网络协议。

（二）企业级路由器

企业级路由器连接许多终端系统，其主要目标是尽量以简单的方法实现尽可能多的端点互联，并进一步要求支持不同的服务质量，它们还要支持防火墙、包过滤及大量的管理和安全策略。

（三）骨干级路由器

骨干级路由器实现企业级网络的互联。对它的要求是速度和可靠性，硬件可靠性可以采用热备份、双电源、双数据通路等来获得。骨干级路由器的主要性能瓶颈是在转发表中查找某个路由所耗的时间。当收到一个包时，输入端口在转发表中查找该包的目的地址以确定其目的端口，当包越短或当包要发往许多目的端口时，势必增加路由查找的代价。

七、第三层交换技术

三层交换是相对于传统的交换概念而提出的。传统的交换技术是在 OSI 参考模型中的第二层（即数据链路层）进行操作的，而三层交换技术是在网络模型中的第三层实现了数据包的高速转发。简单地说，三层交换技术就是二层交换技术＋三层转发技术，三层交换机就是"二层交换机＋基于硬件的路由器"。

三层交换机的路由记忆功能是由路由缓存来实现的。当一个数据包发往三层交换机时，三层交换机首先在它的缓存列表中进行检查，看看路由缓存中有没有记录，如有记录就直接调取缓存的记录进行路由，而不再经过路由处理器进行处理，这样数据包的路由速度就大大提高了。如果三层交换机在路由缓存中没有发现记录，再将数据包发往路由处理器进行处理，处理之后再转发数据包。

三层交换机的缓存机制与 CPU 的缓存机制是非常相似的。大家都有这样的印象，开机后第一次运行某个大型软件时会非常慢，但是当关闭这个软件之后再次运行这个软件，就会发现运行速度大大加快了，如本来打开 Word 文档需要 5s～6s，关闭后再打开 Word 文档，就会发现只需要 1s～2s 即可打开。原因是 CPU 内部有一级缓存和二级缓存，会暂时储存最近使用的数据，所以再次启动会比第一次启动快得多。

具有"路由器的功能、交换机的性能"的三层交换机虽然同时具有二层交换和三层路由的特性,但是三层交换机与路由器在结构和性能上还是存在很大区别的。在结构上,三层交换机更接近于二层交换机,只是针对三层路由进行了专门设计。之所以称为"三层交换机"而不称为"交换路由器"原因就是在交换性能上,路由器比三层交换机的交换性能要弱很多。

路由器的优点在于接口类型丰富,支持的三层功能强大、路由能力强大,适合用于大型的网络间的路由,它的优势在于选择最佳路由、负荷分担、链路备份及和其他网络进行路由信息的交换等路由器所具有的功能。三层交换机的最重要的功能是加快大型局域网络内部数据的快速转发,加入路由功能也是为此服务的。如果把大型网络按照部门、地域等因素划分成一个个小局域网,这将导致大量的网际互访,单纯地使用二层交换机不能实现网际互访,如单纯地使用路由器,由于接口数量有限和路由转发速度慢,将限制网络的速度和网络规模,采用具有路由功能的快速转发的三层交换机就成了首选。

第三节　路由算法和路由协议

一、路由协议

典型的路由选择方式有静态路由和动态路由。

静态路由是在路由器中设置的固定的路由表。除非网络管理员干预,否则静态路由不会发生变化。由于静态路由不能对网络的改变做出反映,一般用于网络规模不大、拓扑结构固定的网络中。静态路由的优点是简单、高效、可靠。在所有的路由中,静态路由优先级最高。当动态路由与静态路由发生冲突时,以静态路由为准。

动态路由是网络中的路由器之间相互通信,传递路由信息,利用收到的路由信息更新路由器表的过程。它能实时地适应网络结构的变化。如果路由更新信息表明发生了网络变化,路由选择软件就会重新计算路由,并发出新的路由更新信息。这些信息通过各个网络,引起各路由器重新启动其路由算法,并更新各自的路由表以动态地反映网络拓扑变化。动态路由适用于网络规模大、网络拓扑复杂的网络。当然,各种动态路由协议会不同程度地占用网络带宽和 CPU 资源。

静态路由和动态路由有各自的特点和运用范围,因此在网络中动态路由通常作为静态路由的补充。当一个分组在路由器中进行寻径时,路由器首先查找静态路由,如果查到则根据相应的静态路由转发分组;否则再查找动态路由。

根据是否在一个自治域内部使用,动态路由协议分为内部网关协议(Interior Gateway Protocol,IGP)和外部网关协议(Exterior Gateway Protocol,EGP)。这里的自治域指一个具有统一管理机构、统一路由策略的网络。自治域内部采用的路由选择协议称为内部网关协议,常用的有 RIP、OSPF(Open Shortest Path First,开放最短路径优先);外部网关协议主要用于多个自治域之间的路由选择,常用的是 BGP(Border Gateway Protocol,边界网关协议)和 BGP-4。

（一）RIP 路由协议

RIP 协议最初是为 Xerox 网络系统的 Xerox PARC 通用协议而设计的，是 Internet 中常用的路由协议。RIP 采用距离向量算法，即路由器根据距离选择路由，所以也称为距离向量协议。路由器收集所有可到达目的地的不同路径，并保存有关到达每个目的地的最少站点数的路径信息，除到达目的地的最佳路径外，任何其他信息均予以丢弃。同时路由器也把所收集的路由信息用 RIP 协议通知相邻的其他路由器。这样，正确的路由信息逐渐扩散到了全网。RIP 使用非常广泛，它简单、可靠、便于配置。但是 RIP 只适用于小型的同构网络，因为它允许的最大站点数为 15，任何超过 15 个站点的目的地均被标记为不可到达。而且 RIP 每隔 30s 一次的路由信息广播也是造成网络广播风暴的重要原因之一。

（二）OSPF 路由协议

20 世纪 80 年代中期，RIP 已不能适应大规模异构网络的互联，OSPF 随之产生。它是因特网工程任务部（Internet Engineering Task Force，IETF）的内部网关协议工作组为 IP 网络而开发的一种路由协议。

OSPF 是一种基于链路状态的路由协议，需要每个路由器向其同一管理域的所有其他路由器发送链路状态广播信息。在 OSPF 的链路状态广播中包括所有接口信息、所有的量度和其他一些变量。利用 OSPF 的路由器首先必须收集有关的链路状态信息，并根据一定的算法计算出到每个节点的最短路径。与 RIP 不同，OSPF 将一个自治域再划分为区，相应的即有两种类型的路由选择方式：当源和目的地在同一区时，采用区内路由选择；当源和目的地在不同区时，则采用区间路由选择。这就大大减少了网络开销，并增加了网络的稳定性。当一个区内的路由器出了故障时并不影响自治域内其他区路由器的正常工作，这也给网络的管理、维护带来了方便。

（三）BGP 和 BGP-4 路由协议

BGP 是为 TCP/IP 互联网设计的外部网关协议，用于多个自治域之间。它既不是基于纯粹的链路状态算法，也不是基于纯粹的距离向量算法。它的主要功能是与其他自治域的 BGP 交换网络可达信息。各个自治域可以运行不同的内部网关协议。BGP 更新信息包括网络号/自治域路径的成对信息。自治域路径包括到达某个特定网络须经过的自治域串，这些更新信息通过 TCP 传送出去，以保证传输的可靠性。

为了满足 Internet 日益扩大的需要，BGP 还在不断地发展。在最新的 BGP-4 中，还可以将相似路由合并为一条路由。

二、路由表项的优先问题

在一个路由器中，可同时设置静态路由和一种或多种动态路由。它们各自维护的路由表都提供给转发程序，但这些路由表的表项间可能会发生冲突。这种冲突可通过配置各路由表的优先级来解决。通常静态路由具有默认的最高优先级，当其他路由表表项与它矛盾时，均按静态路由转发。

三、路由算法

路由算法在路由协议中起着至关重要的作用,采用何种算法往往决定了最终的寻径结果,因此选择路由算法一定要仔细。通常需要综合考虑以下几个设计目标:①最优化。指路由算法选择最佳路径的能力。②简洁性。算法设计简洁,利用最少的软件和开销,提供最有效的功能。③坚固性。路由算法处于非正常或不可预料的环境时,如硬件故障、负荷过高或操作失误时,都能正确运行。④快速收敛。收敛是指在最佳路径的判断上所有路由器达到一致的过程。当某个网络事件引起路由可用或不可用时,路由器就发出更新信息。路由更新信息遍及整个网络,引发重新计算最佳路径,最终达到所有路由器一致公认的最佳路径。收敛慢的路由算法会造成路径循环或网络中断。⑤灵活性。路由算法可以快速、准确地适应各种网络环境。例如,某个网段发生故障,路由算法要能很快发现故障,并为使用该网段的所有路由选择另一条最佳路径。

路由算法按照种类可分为以下几种:静态和动态、单路和多路、平等和分级、源路由和透明路由、域内和域间、链路状态和距离向量。下面着重介绍链路状态和距离向量算法。

链路状态算法(也称最短路径算法)发送路由信息到互联网上所有的节点,然而对于每个路由器,仅发送它的路由表中描述了其自身链路状态的那一部分。距离向量算法(也称为Bellman-Ford算法)则要求每个路由器发送其路由表全部或部分信息,但仅发送到邻近节点上。从本质上来说,链路状态算法将少量更新信息发送至网络各处,而距离向量算法发送大量更新信息至邻近路由器。由于链路状态算法收敛更快,因此它在一定程度上比距离向量算法更不易产生路由循环。但另一方面,链路状态算法要求比距离向量算法有更强的CPU能力和更多的内存空间,因此链路状态算法将会在实现时显得更昂贵一些。除了这些区别,两种算法在大多数环境下都能很好地运行。

最后需要指出的是,路由算法使用了许多种不同的度量标准去决定最佳路径。复杂的路由算法可能采用多种度量来选择路由,通过一定的加权运算,将它们合并为单个的复合度量,再填入路由表中作为寻径的标准。通常所使用的度量有路径长度、可靠性、时延、带宽、负荷、通信成本等。

四、路由选择方式

(一)静态路由

1. 静态路由的配置

以思科路由器为例,进入路由器的全局配置模式,定义目标网络号、目标网络的子网掩码和下一跳地址或接口,命令如下:

Router(config)＃ip route{nexthop-address|exit-interface}[distance]

2. 默认路由的配置。

配置默认路由的命令如下:

Router(config)＃ip route 0.0.0.0 0.0.0.0{nexthop-adress|exit-interface}[distance]

（二）动态路由

动态路由分为距离矢量路由协议（Distance Vector Routing Protocol）和链路状态路由协议（Link-State Routing Protocol）。距离矢量路由协议包括 RIP、EIGRP（Enhanced Interior Gateway Routing Protocol，增强内部网关路由协议）、IGRP（Interior Gateway Routing Protocol，内部网关路由协议）路由协议，链路状态路由协议包括 OSPF、IS-IS（Intermediate System-to-Intermediate System，中间系统到中间系统）路由协议。

1. RIP 路由协议

RIP 路由协议有两个不同的版本，RIPv1 和 RIPv2，二者的主要区别如下：①RIPv1 是有类路由协议，RIPv2 是无类路由协议。②RIPv1 不能支持 VLSM（Variable Length Sub-net Mack，可变长子网掩码），RIPv2 可以支持 VLSM。③RIPv1 没有认证的功能，RIPv2 可以支持认证，并有明文和 MD5 两种认证。④RIPv1 没有手工汇总的功能，RIPv2 可以在关闭自动汇总的前提下，进行手工汇总。⑤RIPv1 是广播更新，RIPv2 是组播更新。⑥RIPv1 对路由没有标记（Tag）的功能，RIPv2 可以对路由打标记，用于过滤和做策略。⑦RIPv1 发送的 updata 最多可以携带 25 条路由条目，RIPv2 在有认证的情况下最多只能携带 24 条路由。⑧RIPv1 发送的 updata 包里面没有 next-hop 属性，RIPv2 有 next-hop 属性，可以用于路由更新的重定。RIPv1 的配置如下：

Router(config)♯router rip

Router(config-router)♯network XXXX. XXXX. XXXX. XXXXRIPv2 的配置如下：

Router(config)♯router rip

Router(config-router)♯version 2

Router(config-router)♯noauto-summary

Router(config-router)♯network XXXX. XXXX. XXXX. XXXX

2. EIGRP

EIGRP 是思科私有的、高级距离矢量路由协议，使用 DUAL 算法。EIGRP 是建立邻居关系最快的路由协议。

EIGRP 的配置如下：

Router(config)♯router eigrp XX

Router(config-router)♯noauto-sunnmary

Router(config-router)♯network XXXX. XXXX. XXXX. XXXX

3. OSPF

OSPF 是一种基于链路状态的路由协议，需要每个路由器向其同一管理域的所有其他路由器发送链路状态广播信息。

OSPF 的配置如下：

Router(config)♯router ospf XX

Router(config-router)♯router-id X. X. X. X

Router(config-router)network XXXX. XXXX. XXXX. XXX area X

第四节　广域网技术概论

一、广域网的定义与拓扑结构

广域网也称远程网(Long Haul Network)。通常跨接很大的物理范围,所覆盖的范围从几千米到几千千米,它能连接多个城市或国家,或横跨几个洲并能提供远距离通信,形成国际性的远程网络。广域网的通信子网可以利用公用分组交换网、卫星通信网和无线分组交换网,它将分布在不同地区的局域网或计算机系统互联起来,达到资源共享的目的,如 Internet 是世界范围内最大的广域网。

广域网一般最多只包含 OSI 参考模型的底下三层,而且大部分广域网都采用存储转发方式进行数据交换,也就是说,广域网是基于报文交换或分组交换技术的(传统的公用电话交换网除外)。广域网中的路由器先将发送给它的数据包完整接收下来,然后经过路径选择找出一条输出线路,最后路由器将接收到的数据包发送到该线路上,以此类推,直到将数据包发送到目的节点。

广域网不同于局域网,它的范围更广,超越一个城市、一个国家甚至达到全球互联,因此具有与局域网不同的特点:①覆盖范围广、通信距离远,可达数千千米甚至全球。②不同于局域网的一些固定结构,广域网没有固定的拓扑结构,通常使用高速光纤作为传输介质。③主要提供面向通信的服务,支持用户使用计算机进行远距离的信息交换。④局域网通常作为广域网的终端用户与广域网相连。⑤广域网的管理和维护相对局域网较为困难。⑥广域网一般由电信部门或公司负责组建、管理和维护,并向全社会提供面向通信的有偿服务、流量统计和计费问题。

二、广域网提供的服务

从层次上看,广域网中的最高层就是网络层。网络层为接在网络上的主机所提供的服务可以有两大类,即无连接的网络服务和面向连接的网络服务。这两种服务的具体实现是数据报服务和虚电路服务。

(一)数据报服务

网络提供数据报服务的特点是网络随时都可接收主机发送的分组(即数据报)。网络为每个分组独立地选样路由,尽最大努力地将分组交付给目的主机,但网络对源主机没有任何承诺。网络不保证所传送的分组不丢失,也不保证按源主机发送分组的先后顺序及在多长的时限内必须将分组交付给目的主机。当需要把分组按发送顺序交付给目的主机时,在目的站还必须把收到的分组缓存一下,等到能够按顺序交付给主机时再进行交付。当网络发生拥塞时,网络中的某个节点可根据当时的情况将一些分组丢弃(请注意,网络并不是随意丢弃分组)。所以,数据报提供的服务是不可靠的,它不能保证服务质量。实际上"尽最大努力交付"的服务就是没有质量保证的服务。

（二）虚电路服务

需要注意的是，由于采用了存储转发技术，所以这种虚电路就和电路交换的连接有很大的不同。在电路交换的电话网上打电话时，两个用户在通话期间自始至终占用一条端到端的物理信道。但当占用一条虚电路进行主机通信时，由于采用的是存储转发的分组交换，所以只是断续地占用一段又一段的链路，虽然人们感觉到好像（但并没有真正地）占用了一条端到端的物理电路。建立虚电路的好处是可以在数据传送路标上的各交换节点预先保留一定数量的资源（如带宽、缓存），作为对分组的存储转发之用。

在虚电路建立后，网络向用户提供的服务就好像在两个主机之间建立了一对穿过网络的数字管道（收发各用一条）。所有发送的分组都按发送的前后顺序进入管道，然后按照先进先出的原则沿着此管道传送到目的站主机。因为是全双工通信，所以每一条管道只沿着一个方向传送分组。这样，到达目的站的分组顺序就与发送时的顺序一致，因此网络提供虚电路服务对通信的服务质量 QoS 有较好的保证。

网络所提供的上述这两种服务的思路来源不同。

虚电路服务的思路来源于传统的电信网。电信网将其用户终端（电话机）做得非常简单，而电信网负责保证可靠通信的一切措施，因此电信网的节点交换机复杂而昂贵。

数据报服务使用另一种完全不同的新思路。它力求使网络生存性好和对网络的控制功能分散，因而只要求网络提供尽最大努力的服务。但这种网络要求使用较复杂且有相当智能的主机作为用户终端。可靠通信由用户终端中的软件（即 TCP）来保证。

除以上的区别外，数据报服务和虚电路服务还都各有一些优缺点。

根据统计，网络上传送的报文长度，在很多情况下都很短。若采用 128 字节作为分组长度，则往往一次传送一个分组就够了。这样，用数据报既迅速又经济。若用虚电路，为了传送一个分组而建立虚电路和释放虚电路就太浪费网络资源了。

为了在交换节点进行存储转发，在使用数据报时，每个分组必须携带完整的地址信息。但在使用虚电路的情况下，每个分组不需要携带完整的目的地址，而仅需要有个简单的虚电路号码的标志，这就使分组的控制信息部分的比特数减少，因而减少了额外开销。

对待差错处理和流量控制，这两种服务也是有差别的。在使用数据报时，主机承担端到端的差错控制和流量控制。在使用虚电路时，分组按顺序交付，网络可以负责差错控制和流量控制。

数据报服务对军事通信有其特殊的意义，这是因为每个分组可独立地选择路由。当某个节点发生故障时，后续的分组就可另选路由，因而提高了可靠性。但在使用虚电路时，节点发生故障就必须重新建立另一条虚电路。数据报服务很适合于将一个分组发送到多个地址（广播或多播）。这一点正是当初 ARPANET 选择数据报的主要理由之一。

三、广域网的组网方式

（一）电路交换

电路交换也是一种广域网交换方式，网络通过介质链路上的载波为每个通信会话临时建立一条专有物理电路,并维持电路至通信结束。电路交换只有在数据需要传输的时候才进行连接,通信完成后终止连接。这个和日常生活中打电话的过程很相似,一般用于对带宽要求较低的数据传输,如 ISDN。

(二)点到点连接

点到点连接也称线路租用,它是电信运营商为两个用户点提供专用的连接通信通道,是一种永久式的专用物理通道。它有两种情况:一种是组成全连通的网络,所有路由器节点互相连通;另一种是用网桥或调制解调器进行点到点连接。这种线路方式一般由带宽和距离来定价,价格相对其他技术如帧中继更为昂贵,速度可以达到 45Mb/s,一般使用 HDLC 和点到点连接的封装格式,如 DDN。

(三)分组交换

分组交换又称包交换,用户共享电信公司资源,成本较低。在这种连接方式中,用户网络连接电信公司网络,多个客户共享电信公司网络,电信公司在客户站点之间建立虚拟线路,数据报通过网络进行传输,采用分组交换技术的帧中继、X.25、ATM 等接入技术。

四、集中典型的广域网

(一)PSTN

PSTN 也就是通常所说的固定电话网络,PSTN 采用分级交换方式。通过 PSTN 传输数据时,中间必须经双方调制解调器拨号连接,实现计算机数字信号与模拟信号的相互转换。

电话网的传输质量、接通率、电路利用率都不能满足网络数据通信发展的要求,特别不适合突发性和对差错要求严格的数据通信业务,更不适合用来传输综合业务。

(二)ISDN

ISDN 是在电话综合数字网(Integrated Digital Network,IDN)的基础上发展起来的,它提供端到端的数字连接,同时提供各种通信业务,包括语音、数据、可视图文、可视电话、传真、电子信箱、会议电视、语音信箱和网络互联等。窄带 ISDN(N-ISDN)建立在铜线电话网的基础上,而且与模拟通信端到端兼容;宽带 ISDN(B-ISDN)以光纤作为干线和用户环路的传输介质。

(三)DDN

DDN 通常称为专线,是利用数字信道传输技术传输数据信号的数据传输网络。DDN 通过半永久性连接电路(实际上是用户租用的专用线路)为用户提供一个高质量、高带宽的数字传输通道。对于实时性强、速度很高、通信量大的用户来说非常理想,但价格非常昂贵。

(四)X.25

X.25 是一种典型的面向连接的分组交换网,也是早期广域网中广泛使用的一种通信技术,一般用于大范围内的低速数字通信。它建立在原有的速率较低、误码率较高的电缆传输介质上,为了保证数据传输的可靠性,包括了差错控制、流量控制、拥塞控制等功能。X.25

网的协议复杂、延迟较大、传输速率较低,它的最大速率仅为 64Kb/s,相对而言收费比较贵,现逐步被帧中继所取代。

(五)帧中继

帧中继是从 X.25 发展而来的,建立在数据传输率高、低误码率的光纤上。它是在 X.25 的基础上,简化了差错控制(包括检测、重传和确认)、流量控制和路由选择功能而形成的一种快速分组交换技术。

帧中继的特点:传输速度高,网络延时小,处理速度快,能够适应突发性业务等。

(六)ATM

ATM 是建立在电路交换和分组交换基础上的传输模式,是一种快速分组交换技术,它充分利用了电路交换实时性好、分组交换信道利用率高且灵活性好的优点。

ATM 是一种面向连接的技术,用小的、固定长度(53 字节)的数据传输单元(信元),支持多媒体通信、服务质量保证、网络传输延时小、适应实时通信的要求,没有链路的纠错和流量控制,协议简单,数据交换效率高,既可用在局域网中,也可用于广域网。

五、虚拟专用网

(一)VPN 概述

虚拟专用网(Virtual Private Network,VPN)利用公共网络(主要是互联网)建立一个运行私有的、隧道的、非 TCP/IP 协议的专用加密通道,将多个私有的网络或网络节点连接起来进行远程通信。它相对于专线连接,节省了大量的资本。VPN 具有费用低、灵活性好、简单的网络管理、隧道的拓扑结构等优点。

(二)VPN 的分类

1.远程访问

移动用户或远程小型办公室通过 Internet 访问网络中心,客户通常需要安装 VPN 客户端软件。

2.点到站点

公司总部和其分支机构、办公室之间建立的 VPN,替代了传统的专线或分组交换广域网连接,它们形成了一个企业的内部互联网络。

(三)VPN 的原理

VPN 的原理是在两台直接和公用网络连接的计算机之间建立一条专用通道,两个私有网络之间的通信内容经过这两台计算机或设备进行加密打包后通过公用网络的专用通道进行传输,然后再对端解包,还原成私有网络的通信内容转发到私有网络中。

一个完整的 VPN 系统包括 VPN 服务器、VPN 客户端和 VPN 数据通道 3 部分。VPN 服务器用来接收和验证 VPN 连接的请求,处理数据打包和解包工作;VPN 客户端用来发起 VPN 连接请求,也处理数据打包和解包的工作;VPN 数据通道是一条私有且加密的临时通信隧道。

（四）VPN 的关键技术

1. 安全隧道技术

安全隧道技术是指为了在公网上传输私有数据而发展起来的信息封装（encapsulation）方式，在 Internet 上传输的加密数据包中，只有 VPN 端口或网关的 IP 地址暴露在外面。

2. 第二层隧道协议

第二层隧道协议是指建立在点对点协议的基础上，先把各种网络协议（IP、IPX 等）封装到点对点帧中，再把整个数据帧装入隧道协议进行传输。一般适用于通过 PSTN 或 ISDN 线路建立 VPN 连接。它有以下三种协议。

（1）L2F

L2F 即第二层转发，它是思科专用的一个隧道技术协议，而且是思科为虚拟专用拨号网设计的第一个隧道技术协议。L2F 随后被 L2TP 所取代，L2TP 可以与 L2F 后面兼容。

（2）PPTP

PPTP 即点到点隧道协议（Point-to-Point Tunneling Protocol），它是由微软提出的，用来在远程网络与公司网络之间安全地传输数据。

（3）L2TP

L2TP 即第二层隧道协议，它是思科和微软为了取代 L2F 和 PPTP 而共同提出的，L2TP 集合了 L2F 和 PPTP 的性能。

3. 第三层隧道协议

它是把各种网络协议直接装入到隧道协议，在可扩充性、安全性及可靠性方面要优于第二层隧道协议。它有以下两种协议。

（1）GRE

通用路由封装是对某些网络层协议（如 IP 和 IPX）的数据报进行封装，使这些被封装的数据报能够在另一个网络层协议（如 IP）中传输。它是另一个思科专用的隧道协议，形成虚拟的点到点连接，允许各种不同的协议封装在 IP 隧道里。它在协议层之间采用了一种被称为 Tunnel（隧道）的技术，其特点是支持多种协议和多播，但缺乏加密机制、安全性差，被 IPSec 取代。

（2）IPSec

IPSec 即 IP 安全，是一个由 IETF（Internet Engineering Task Force，国际互联网工程任务组）为保证在 Internet 上传送数据的安全保密性而制定的框架协议，是一个保护 IP 通信的协议族，提供了加密、完整性和身份验证功能，规范了如何确保 VPN 通信的安全。IPSec 有传输和隧道两种工作模式，隧道模式对整个 IP 数据包进行了封装和加密，隐藏了源和目的 IP 地址，从外部看不到数据包的路由过程；传输模式只对 IP 有效数据载荷进行封装和加密，源和目的 IP 地址不加密传送，安全程度相对较低。

IPSec 提供两个安全协议：认证头协议（Authentication Header，AH）和封装安全载荷协议（Encapsulating Security Protocol，ESP），还提供了密钥管理协议，即因特网密钥交换（Internet Key Exchange，IKE）。

第五节　Internet 接入技术

Internet 网络接入目前主要采用的接入方法有电信网接入、计算机网接入和有线电视网接入。

电信网接入：主要采用的技术有电话拨号接入、DDN 接入、ISDN 接入和 ADSL 接入，主要特点是接入灵活，接入费用经济实惠。

计算机网接入：主要采用局域网传输方式，通过双绞线和传输设备实现 10Mb/s～1Gb/s 的网络传输。目前大部分企事业单位都采用计算机网接入，家庭用户使用增长迅速，但接入费用较贵。

有线电视网接入：有线电视网覆盖范围很广，是一种相对比较经济、高性能的宽带接入方案。这种接入方式将原来完全基于同轴电缆的单向有线电视改造为双向传输的光纤同轴混合网，其主要特点是频带宽、用户多、传输速率高、灵活性和扩展性强及经济实用。

一、Internet 概述

Internet 是将世界上的各种网络连接起来而形成的。这种连接包括两个方面：使用路由器将两个或更多个网络物理连接起来，这种路由器称为 IP 网关；在路由器上运行 IP 协议，在各网络的主机上运行 TCP/IP 协议，从而实现了不同网络的逻辑连接。TCP/IP 协议将不同网络编制成一个整体，在用户看来，Internet 是一个单一网络，而实际上它是由不同物理网络连接起来的。路由器使不同网络实现了互联；TCP/IP 协议屏蔽了不同物理网络的差异性，使不同网络中的计算机之间可以相互传送数据，实现了互通。

Internet 采用了目前最流行的客户机/服务器工作模式，凡是使用 TCP/IP 协议，并能与 Internet 的任意主机进行通信的计算机，无论是何种类型、采用何种操作系统，均可看成是 Internet 的一部分。严格地说，用户并不是将自己的计算机直接连接到 Internet 上，而是连接到其中的某个网络上，再由该网络通过网络干线与其他网络相连。网络干线之间通过路由器相互连接，使各个网络上的计算机都能相互进行数据和信息的传输。例如，用户的计算机通过拨号上网，连接到本地的某个 Internet 服务提供商的主机上。而服务提供商的主机又通过高速干线与本国及世界各国各地区的主机相连，这样，用户仅通过一家服务提供商的主机，便可访遍 Internet。由此也可以说，Internet 是分布在全球的服务提供商通过高速通信干线连接而成的网络。

Internet 的这种结构形式，使其具有如下的特点：①灵活多样的入网方式。这是由于 TCP/IP 成功地解决了不同的硬件平台操作系统之间的兼容性问题。②采用了分布式网络和最为流行的客户机/服务器模式，大大提高了网络信息服务的灵活性。③将网络技术、多媒体技术和超文本技术融为一体，体现了现代多种信息技术互相融合的发展趋势。④方便易行。仅需通过电话线、普通计算机即可接入 Internet。⑤向用户提供极其丰富的信息资源，包括大量免费使用的资源。⑥具有完善的服务功能和友好的用户界面，操作简便，无须用户掌握更多的专业计算机知识。

二、拨号接入

（一）电话拨号接入

电话拨号接入即 PSTN 接入，是指利用普通电话及调制解调器在 PSTN 的普通电话线上进行数据信号传送的技术。当上网用户发送数据时，利用调制解调器将个人计算机发出的数字信号转化为模拟信号，通过电话线发送出去；当上网用户接收数报信号时，利用调制解调器将经电话线送来的模拟信号转化为数字信号提供给 PC。PSTN 用户拨号接入的基本配置是一对电话线、一台计算机和一个调制解调器。PSTN 拨号接入技术简单、投资少、周期短、可用性强，但这种接入方式的数据业务和语音业务不能同时进行，且最高速率只能达 56Kb/s。随着网络技术的发展，这种接入技术已经淘汰。

（二）ISDN 接入

ISDN 是采用的数字交换和数字传输的电信网的简称，中国电信将其俗称为"一线通"。它是一个数字电话网络国际标准，是一种典型的电路交换网络系统。它通过普通的铜缆以更高的速率和质量传输语音和数据。

与普通拨号上网不同的是，ISDN 为用户提供端到端的数字通信线路，其传输速率可达到 128Kb/s，而且传输质量可靠，可以提供高品质的语音、传真、可视图文、可视电话等多项业务。向用户提供基本速率（2B＋D，144Kb/s）和基群速率（30B＋D，2Mb/s）两种接口。基本速率接口包括两个能独立工作的 B 信道（64Kb/s）和一个 D 信道（16Kb/s），其中 B 信道一般用来传输话音、数据和图像，D 信道用来传输信令或分组信息。用户上网和打电话可以同时进行。基本速率接入适合于普通用户，而基群速率接入一般用于企业用户。

（三）ADSL 拨号接入

ADSL 接入是 xDSL 技术的一种，xDSL 是指采用不同调制方式将信息在普通电话线（双绞铜线）上高速传输的技术，包括高比特数字用户线（High-bitrate Digital Subscriber Line，HDSL）技术、单线对数字用户线（Single-pair Digital Subscriber Line，SDSL）技术、ADSL 技术、甚高速数字用户线（Very high-bitrate Digital Subscriber Line，VDSL）技术等。其中，ADSL 在 Internet 高速接入方面应用广泛、技术成熟；VDSL 在短距离（0.3km～15km）内提供高达 52Mb/s 的传输速率，它是一种通过 PPPoE 技术进行虚拟拨号方式接入，且用户上网和打电话可以同时进行。

ADSL 方案的最大特点是不需要改造信号传输线路，完全可以利用普通铜质电话线作为传输介质，只需在线路的两端加装 ADSL 设备即可为用户提供高速、高带宽的接入服务。ADSL 支持的上行速率为 640kb/s～1Mb/s，下行速率为 1Mb/s～8Mb/s，其有效的传输距离在 3km～5km 范围内。

三、局域网接入

通过局域网接入 Internet，目前使用比较多的技术方案是 FTTB＋LAN。光纤到大楼

(Fiber To The Building,FTTB)是一种基于高速光纤局域网技术的宽带接入方式。FTTB 采用光纤到楼、网线到户的方式实现用户的宽带接入,因此又称为 FTTB+LAN,这是一种最合理、最实用、最经济有效的宽带接入方法。

当用户把许多台计算机连成一个局域网之后,如何使这些计算机通过局域网连接到 Internet 呢? 这时就需要有一个网关作为局域网与 Internet 的桥梁,来实现局域网内的计算机 Internet 的连接。这个网关可以使用硬件设备(如路由器)来实现,也可以用一台装有网管代理软件的计算机来做这个桥梁。具有一定规模的局域网,如校园网、大型企业局域网一般是使用硬件路由器作为网关,使局域网计算机与 Internet 相连。

四、专线接入

通常讲的专线接入是指 DDN 专线接入,它是随着数据通信业务的发展而迅速发展起来的一种新型网络。DDN 专线是指市内或长途的数据电路,电信部门将它们出租给用户后就变成用户的专线,直接进入电信的 DDN 网络。常见的固定 DDN 专线按传输速率可分为 14.4Kb/s、28.8Kb/s、64Kb/s、128Kb/s、256Kb/s、512Kb/s、768Kb/s、1.544Mb/s("T1"线路)及 44.736Mb/s("T3"线路)等。

因为 DDN 的主干传输为光纤传输,采用数字信道直接传送数据,所以传输质量高。DDN 专线属于固定连接的方式,是全透明网络,不需要经过交换机房,不必选择路由即可直接进入主干网络,平均时延≤450μs,所以速度很快,特别适用于业务量大、实时性强的用户,如银行的 ATM、铁路售票系统。

由于 DDN 专线需要铺设专用线路从用户端进入主干网络,所以使用专线要付两种费用:一是电信月租费,就像拨号上网要付电话费一样;二是网络使用费,另外还有电路租用费等费用。其花费对于普通用户来说是承受不了的,所以 DDN 不适合普通的互联网用户。

DDN 线路的优点有很多,如有固定的 IP 地址、可靠的线路运行、永久的连接等。缺点是资费高昂,应用已趋衰减(个人用户一般使用 ADSL 宽带接入,团体用户一般采用光纤接入)。

五、混合接入

混合接入方式即光纤同轴(Hybrid Fiber Coax,HFC)混合接入方式,是一种经济实用的综合数字服务宽带网接入技术。HFC 通常由光纤干线、同轴电缆支线和用户配线网络三部分组成,从有线电视台出来的节目信号先变成光信号在干线上传输;到用户区域后把光信号转换成电信号,经分配器分配后通过同轴电缆送到用户。它与早期 CATV 同轴电缆网络的不同之处主要在于:在干线上用光纤传输光信号,在前端需完成电—光转换,进入用户区后要完成光—电转换。

以前有线电视使用的都是同轴电缆,近几年为了提高传输距离和信号质量,有线电视网络逐渐采用 HFC 取代纯同轴电缆。

CM 是利用已有的有线电视光纤同轴混合网进行 Internet 高速数据接入的装置。HFC 是一个宽带网络,具有实现用户带宽接入的基础,用户的微机还需要安装一个 CM 接入

HFC。CM 一般有两个接口,一个与室内墙上的 CATV 端口相连,另一个与计算机网卡或交换机相连。

六、光纤接入

光纤接入是指局端与用户之间完全以光纤作为传输媒体,它可以分为有源光网络(Active Optical Network,AON)接入和无源光网络(Passive Optical Network,PON)接入。

光纤用户网的主要技术是光波传输技术。光纤传输的复用技术发展很快,多数已处于实用化。复用技术用得最多的有时分复用、波分复用、频分复用、码分复用等。

由于光纤接入网使用的传输媒介是光纤,因此根据光纤深入用户群的程度,可将光纤接入网分为 FTTC(Fiber To The Curb,光纤到路边)、FTTZ(Fiber To The Zone,光纤到小区)、FTTB、FTTO(Fiber To The Office,光纤到办公室)和 FTTH(Fiber To The Home,光纤到户)。

光纤接入就是把要传送的数据由电信号转换为光信号进行通信。在光纤的两端分别都装有“光猫”进行信号转换。光纤是宽带网络中多种传输媒介中最理想的一种,它的特点是传输容量大、传输质量好、损耗小、中继距离长等。

七、无线接入技术

无线接入有全部或部分采用无线传输方式,主要分为固定无线接入和移动无线接入。固定无线接入又称无线本地环路,用户终端是固定或只有有限的移动性。

无线接入要求在接入的计算机中插入无线接入卡,得到无线接入网服务提供商的服务,便可实现与 Internet 接入。

第六章　无线网络技术

第一节　无线网络概述

一、无线网络的特点

相对于有线网络而言,无线网络具有安装便捷、使用灵活、利于扩展和经济节约等优点。具体可归纳以下几点。

（一）移动性强

无线网络摆脱了有线网络的束缚,可以在网络覆盖的范围内的任何位置上网。无线网络完全支持自由移动,持续连接,实现移动办公。

（二）带宽流量大

带宽流量大适合进行大量双向和多向多媒体信息传输,在速度方面,802.11b 的传输速度可提供可达 11Mb/s 数据速率,而标准 802.11g 无线网速提升五倍,其数据传输率将达到 54Mb/s,充分满足用户对网速的要求。

（三）有较高的平安性和较强的灵活性

由于采用直接序列扩频、跳频、跳时等一系列无线扩展频谱技术,使得其高度平安可靠;无线网络组网灵活、增加和减少移动主机相当轻易。

（四）维护成本低

无线网络尽管在搭建时投入成本高些,但后期维护方便,维护成本比有线网络低 50% 左右。

二、无线网络的分类

无线网络是无线设备之间以及无线设备与有线网络之间的一种网络结构。无线网络的发展可谓日新月异,新的标准和技术不断涌现。

（一）按覆盖范围分

由于覆盖范围的不同,无线网络可以分为四类:无线局域网、无线个域网、无线城域网和无线广域网。

1.无线局域网

无线局域网(Wireless local Area Network,WLAN)一般用于区域间的无线通信,其覆盖范围较小。代表技术是 IEEE 802.11 系列,数据传输速率为 11~56Mb/s,甚至更高。

2.无线个域网

无线个域网（Wireless Personal Area Network，WPAN）的无线传输距离在 10m 左右，典型的技术是 IEEE 802.15（WPAN）和 BlueTooth，数据传输速率在 10Mb/s 以上。

3.无线城域网

无线城域网（Wireless Metropolitan Area Network，WMAN）主要是通过移动电话或车载装置进行的移动数据通信，可以覆盖城市中大部分的地区。代表技术是 IEEE 802.20，主要研究移动宽带无线接入（Mobile Broadband Wireless Access，MBWA）技术和相关标准的制定。该标准更加强调移动性，它是由 IEEE 802.16 的宽带无线接入（Broad Band Wireless Access，BBWA）发展而来的。

4.无线广域网

无线广域网（Wireless Wide Area Network，WWAN）主要是通过移动通信卫星进行数据通信的网络，其粗盖范围最大。

（二）按应用角度分

从无线网络的应用角度看，还可以划分为无线传感器网络、无线 Mesh 网络、无线穿戴网络、无线体域网等，这些网络一般是基于已有的无线网络技术，针对具体的应用而构建的无线网络。

1.无线传感器网络

无线传感器网络（Wireless Sensor Networks，WSN）是当前在国际上备受关注的、涉及多学科高度交叉、知识高度集成的前沿热点研究领域。它综合了传感器技术、嵌入式计算技术、现代网络及无线通信技术、分布式信息处理技术等，能够通过各类集成化的微型传感器协作地实时监测、感知和采集各种环境或监测对象的信息，这些信息通过无线方式被发送，并以自组多跳的网络方式传送到用户终端，从而实现物理世界、计算世界以及人类社会三元世界的连通。

无线传感器网络以最少的成本和最大的灵活性，连接任何有通信需求的终端设备，采集数据，发送指令。若把无线传感器网络的各个传感器或执行单元设备视为"种子"，将一把"种子"（可能 100 粒，甚至上千粒）任意抛撒开，经过有限的"种植时间"，就可从某一粒"种子"那里得到其他任何"种子"的信息。作为无线自组双向通信网络，传感网络能以最大的灵活性自动完成不规则分布的各种传感器与控制节点的组网，同时具有一定的移动能力和动态调整能力。

2.无线 Mesh 网络

无线 Mesh 网络（无线网状网络）也称为"多跳（Multihop）"网络，它是一种与传统无线网络完全不同的新型无线网络，是由无线 Ad Hoc 网络顺应人们无处不在的 Internet 接入需求演变而来。

在传统的无线局域网（WLAN）中，每个客户端均通过一条与 AP 相连的无线链路来访问网络，用户要想进行相互通信，必须首先访问一个固定的接入点（AP），这种网络结构被称为单跳网络。而在无线 Mesh 网络中，任何无线设备节点都可以同时作为 AP 和路由器，网络中的每个节点都可以发送和接收信号,每个节点都可以与一个或者多个对等节点进行直接通信。这种结构的最大好处在于:如果最近的 AP 由于流量过大而导致拥塞的话,那么数据可以自动重新路由到一个通信流量较小的邻近节点进行传输。以此类推,数据包还可以根据网络的情况,继续路由到与之最近的下一个节点进行传输,直到到达最终目的地为止。

实际上,Internet 就是一个 Mesh 网络的典型例子。例如,当人们发送一份 E-mail 时,电子邮件并不是直接到达收件人的信箱中,而是通过路由器从一个服务器转发到另外一个服务器,最后经过多次路由转发才到达用户的信箱。在转发的过程中,路由器一般会选择效率最高的传输路径,以便使电子邮件能够尽快到达用户的信箱。因此,无线 Mesh 网络也被形象地称为无线版本的 Internet。

与传统的交换式网络相比,无线 Mesh 网络去掉了节点之间的布线需求,但仍具有分布式网络所提供的冗余机制和重新路由功能。在无线 Mesh 网络里,如果要添加新的设备,只需要简单地接上电源就可以了,它可以自动进行配置,并确定最佳的多跳传输路径。添加或移动设备时,网络能够自动发现拓扑变化,并自动调整通信路由,可以获取最有效的传输路径。

3. 无线穿戴网络

无线穿戴网络是指基于短距离无线通信技术(蓝牙和 ZigBee 技术等)与可穿戴式计算机(Wearcomp)技术、穿戴在人体上、具有智能收集人体和周围环境信息的一种新型个域网(PAN)。可穿戴计算机为可穿戴网络提供核心计算技术,以蓝牙和 ZigBee 等短距离无线通信技术作为其底层传输手段,结合各自优势组建一个无线、高度灵活、自组织,甚至是隐蔽的微型 PAN。可穿戴网络具有移动性、持续性和交互性等特点。

4. 无线体域网

无线体域网(BAN)是由依附于身体的各种传感器构成的网络。通过远程医疗监护系统提供及时现场护理(POC)服务,是提升健康护理手段的有效途径。在远程健康监护中,将 BAN 作为信息采集和及时现场护理(POC)的网络环境,可以取得良好的效果,赋予家庭网络以新的内涵。借助 BAN,家庭网络可以为远程医疗监护系统及时有效地采集监护信息;可以对医疗监护信息预读,发现问题,直接通知家庭其他成员,达到及时救护的目的。

三、无线网络技术的多样性

为了能够无限拓展无线网络的能力,许多企业、研究院所和工程师个人充分运用了各种引人注目的技术,如跳频扩频和低密度奇偶校验码(low Density Parity Check Codes,LD-PC)等,为推动无线网络的发展做出了很大的贡献。其中,跳频扩频技术是蓝牙射频传输的基础。低密度奇偶校验码是在 1963 年发明的,它实现了高效率数据传输方面的重大突破,在尘封 40 年后,被证明是实现吉比特数量级无线网络的关键技术之一。

如今的无线网络逐渐摒弃那些相对简单的技术,不断寻求新技术,从而来满足数据传输速率不断增长的要求。新技术要求更能缩短每个比特的传输时间、同时使用载波的幅度和相位来传输数据、利用更宽无线电带宽(如超宽带)、多次使用同一空间的多个路径进行同时传输的空间分集等。

第二节　无线局域网技术

一、无线局域网的优点

(一)移动性和灵活性

WLAN利用无线通信技术在空中传输数据,摆脱了有线局域网的地理位置束缚,用户可以在网络覆盖范围内的任何位置接入网络,并且可在移动过程中对网络进行不间断的访问,体现出极大的灵活性。目前的WLAN技术可以支持最远50km的传输距离和最高90km/h的移动速度,足以满足用户在网络覆盖区域内享受视频点播、远程教育、视频会议、网络游戏等一系列宽带信息服务。

(二)安装便捷

传统有线局域网的传输媒介主要是铜缆或光缆,布线、改线工程量大,通常需要破墙掘地、穿线架管,线路容易损坏,网中的各节点移动不方便。WLAN的安装工作快速、简单,无需开挖沟槽和布线,并且组建、配置和维护都比较容易。通常,只需要安装一个或多个接入点设备,就可建立覆盖整个区域的局域网络。

(三)易于进行网络规划和调整

对于有线网络来说,办公地点或网络拓扑的改变通常意味着重新建网、布线,费时、费力且需要较大的资金投入。而无线网络设备可以随办公环境的变化而轻松转移和布置,有效提高了设备的利用率并保护用户的设备投资。

(四)故障定位容易、维护成本低

据相关统计,尽管目前构建WLAN需投入的资金要比构建有线局域网高30%左右(主要是部署无线网卡和无线AP的费用),但是由于后期维护方便,WLAN的维护成本要比有线局域网低50%左右。因此,对于经常移动、增加和变更的动态环境来说,WLAN的长远投资收益更加明显。在有线局域网中,由于线路连接不良而造成的网络中断往往很难查明,检修线路需要付出很大的代价。WLAN则很容易定位故障,只需更换故障设备即可恢复网络连接。

(五)易于扩展

WLAN可以以一种独立于有线网络的形式存在,在需要时可以随时建立临时网络,而不依赖有线骨干网。WLAN组网灵活,可以满足具体的应用和安装需要。WLAN比传统有线局域网提供更多可选的配置方式,既有适用于小数量用户的对等网络,也有适用于几千名移动用户的完整基础网络。在WLAN中增加或减少无线客户端都非常容易,通过增加无线AP就可以增大用户数量和范围,可以很快地从只有几个用户的小型局域网扩展到支持上千用户的大型网络,并且能够提供节点间"漫游"等有线局域网无法实现的特性。

（六）网络覆盖范围广

WLAN具体的通信距离和覆盖范围视所选用的天线不同而有所不同:定向天线可达到5km～50km;室外的全向天线可搜盖15km～20km的半径范围;室内全向天线可覆盖250m的半径范围。

二、无线局域网的分类

（一）按频段的不同分

按频段的不同来分,可以分为专用频段和自由频段两类,其中不需要执照的自由频段又可分为红外线和无线电两种,再根据采用的传输技术进一步细分。

（二）按业务类型的不同分

根据业务类型的不同来分,可以分为面向连接的业务和面向非连接的业务两类。面向连接的业务主要用于传输语音等实时性较强的业务,一般采用基于TDMA和ATM的技术,主要标准有HiPerLAN2和蓝牙等。面向非连接的业务主要用于传输高速数据,通常采用基于分组和IP的技术,这类WLAN以IEEE 802.11x标准最为典型。当然,有些标准可以适用于面向连接的业务和面向非连接的业务,采用的是综合语音和数据的技术。

三、无线局域网的物理结构

（一）站（STA）

1.终端用户设备

终端用户设备是站与用户的交互设备。这些终端用户设备可以是台式计算机、便携式计算机和掌上电脑等,也可以是其他智能终端设备,如PDA等。

2.无线网络接口

无线网络接口是站的重要组成部分,它负责处理从终端用户设备到无线介质间的数字通信,一般采用调制技术和通信协议的无线网络适配器（无线网卡）或调制解调器（Modem）。无线网络接口与终端用户设备之间通过计算机总线（如PCI）或接口（如RS-232、USB）等相连,并由相应的软件驱动程序提供客户应用设备或网络操作系统与无线网络接口之间的联系。

3.网络软件

网络操作系统（NOS）、网络通信协议等网络软件运行于无线网络的不同设备上。客户端的网络软件运行在终端用户设备上,它负责完成用户向本地设备软件发出命令,并将用户接入无线网络。当然,对WLAN的网络软件有其特殊的要求。

WLAN中的站之间可以直接相互通信,也可以通过基站或接入点进行通信。在WLAN中,站之间的通信距离由于天线的辐射能力有限和应用环境的不同而受到限制。

通常把WLAN所能覆盖的区域范围称为服务区域（Service Area,SA）,而把由WLAN

中移动站的无线收发信机及地理环境所确定的通信覆盖区域称为基本服务区(Basic Service Area,BSA)。考虑到无线资源的利用率和通信技术等因素,BSA 不可能太大,通常在 100m 以内,也就是说同一 BSA 中的移动站之间的距离应小于 100m。

(二)无线介质(WM)

无线介质是无线局域网中站与站之间、站与接入点之间通信的传输媒介。这里所说的介质为空气。空气是无线电波和红外线传播的良好介质。通常由无线局域网物理层标准定义无线局域网中的无线介质。

(三)无线接入点(AP)

无线接入点(简称接入点)类似蜂窝结构中的基站,是 WLAN 的重要组成单元。无线接入点是一种特殊的站,它通常处于 BSA 的中心,固定不动。其基本功能有以下几种:①作为接入点,完成其他非 AP 的站对分布式系统的接入访问和同一 BSS 中的不同站间的通信关联。②作为无线网络和分布式系统的桥接点完成 WLAN 与分布式系统间的桥接功能。

无线接入点是具有无线网络接口的网络设备,至少要包括以下几部分:①与分布式系统的接口(至少一个)。②无线网络接口(至少一个)和相关软件。③桥接软件、接入控制软件、管理软件等 AP 软件和网络软件。

无线接入点也可以作为普通站使用,称为 AP Client。WLAN 中的接入点也可以是各种类型的,如 IP 型的和无线 ATM 型的。无线 ATM 型的接入点与 ATM 交换机的接口为移动网络与网络接口(MNNI)。

(四)分布式系统(DS)

环境和主机收发信机特性能够限制一个基本服务区所能覆盖区域的范围。为了能覆盖更大的区域,就需要把多个基本服务区通过分布式系统连接起来,形成一个扩展业务区(Extended Service Area,ESA),而通过 DS 互相连接起来的属于同一个 ESA 的所有主机构成了一个扩展业务组(Extended Service Set,ESS)。

分布式系统(Wireless Distribution System,WDS)就是用来连接不同基本服务区的通信通道,称为分布式系统媒体(Distribution System Medium,DSM)。分布式系统媒体可以是有线信道,也可以是频段多变的无线信道。这为组织无线局域网提供了充分的灵活性。

通常,有线 DS 系统与骨干网都采用有线局域网(如 IEEE 802.3),而无线分布式系统使用 AP 间的无线通信(通常为无线网桥)将有线电缆取而代之,从而实现不同 BSS 的连接。分布式系统通过入口(Portal)与骨干网相连,无线局域网与骨干网(通常是有线局域网,如 IEEE 802.3)之间相互传送的数据都必须经过 Portal,通过 Portal 就可以把无线局域网和骨干网连接起来。

四、无线局域网标准

(一)IEEE 802.11 标准

1. IEEE 802.11b 标准

IEEE 802.11b 标准定义的工作频率为 2.4GHz,采用跳频扩频技术,最大传输速率为

11Mb/s,室内传输距离为 30m～100m,室外为 100m～300m。因为价格低廉,IEEE 802.11b 标准的产品被广泛使用。其升级版本为证 IEEE 802.11b＋,支持 22Mb/s 数据传输速率。IEEE 802.11b＋还能够根据情况的变化,在 11Mb/s、5.5Mb/s、2Mb/s、1Mb/s 的不同速率之间自动切换。

2. IEEE 802.11a 标准

IEEE 802.11a 标准使用 5GHz 的频段,采用跳频展频技术,数据传输速率可达到 54Mb/s。由于 IEEE 802.11b 的最高数据传输速率仅达到 11Mb/s,这就使在无线网络中的视频和音频传输存在很大问题,这就需要提高基本数据传输速率,相应的发展出 IEEE 802.11a 标准。

3. IEEE 802.11g 标准

IEEE 802.11g 标准是于 2003 年 6 月推出的新标准,结合了 IEEE 802.11b 标准支持的 2.4GHZ 工作频率和 IEEE 802.11a 标准的 54Mb/s 的传输速率,这样在兼容 IEEE 802.11b 标准的基础上拥有了高速率,使原有的 802.11b 和 802.11a 两种标准的设备都可以在同一网络中使用。IEEE 802.11g 是目前主流的无线局域网标准,它提供了高速的数据通信带宽,较为经济的成本,并提供了对原有主流无线局域网标准的兼容。

4. IEEE 802.11i 标准

IEEE 802.11i 标准是专门用于加强无线局域网安全的标准。因为无线局域网的"无线"特点,致使任何进入此网络覆盖区的用户都可以轻松地以临时用户身份进入网络,给网络带来了不安全因素。为此,IEEE 802.1li 标准专门就无线局域网的安全性方面做了明确规定,如加强用户身份论证制度,并对传输的数据进行加密等,很好地解决了现有无线网络的安全缺陷和隐患。安全标准的完善,无疑将有利于推动无线局域网应用。

(二)蓝牙技术

蓝牙(IEEE 802.15)是一项新标准。对于 IEEE 802.11 标准来说,它的出现不是为了竞争而是相互补充。"蓝牙"是一种极其先进的大容量近距离无线数字通信的技术标准,其目标是实现最高数据传输速度 1Mb/s(有效传输速率为 721kb/s)、最大传输距离为 10cm～10m,通过增加发射功率可达到 100m。蓝牙比 IEEE 802.11 更具移动性,例如,IEEE 802.11 限制在办公室和校园内,而蓝牙却能把一个设备连接到局域网和广域网,甚至支持全球漫游。此外,蓝牙成本低、体积小,可用于更多的设备。"蓝牙"最大的优势还在于,在更新网络骨干时,如果搭配"蓝牙"架构进行,可使整体网络的成本比铺设线缆低。

(三)HomeRF 标准

HomeRF 主要为家庭网络设计,是 IEEE 802.11 与数字无绳电话标准的结合,旨在降低语音数据成本,建设家庭语音、数据内联网。HomeRF 也采用了扩频技术,工作在 2.4GHZ 频带,能同步支持 4 条高质量语音信道。但目前 HomeRF 的传输速率只有 1Mb/s～2Mb/s。

第三节　无线个域网与蓝牙技术

一、无线个域网的系统构成

当今时代,由于外围设备逐渐增多,用户不仅要在自己的计算机上连接打印机、扫描器、调制解调器等外围设备,有时还要通过 USB 接口将数码相机中的像片传输并存储到硬盘中去。不可否认,这些新技术的新用途给用户带来新体验,但是频繁地插拔某一接口、在计算机上缠绕无序的各种接线等也造成了很多不便。此外,企业内部各部门工作人员之间的信息传递对现代化企业中信息传送的移动化提出了更高的要求。在一间不大的办公室里组成有线局域网以实现信息和设备共享十分必要,无线个域网(Wireless Personal Area Network,WPAN)的产生很好地解决了密密麻麻的布线问题。

WPAN 系统通常都由以下四个层面构成。

(一)应用软件和程序

该层面由驻留在主机上的软件模块组成,控制 WPAN 模块的运行。

(二)固件和软件栈

该层面管理链接的建立,并规定和执行 QoS 要求,这个层面的功能常常在固件和软件中实现。

(三)基带装置

该层面负责数据传送所需的数字数据处理,其中包括编码、封包、检错和纠错,基带还定义装置运行的状态,并与主控制器接口(Host Controller Interface,HCI)交互作用。

(四)无线电

该层面链接经 D/A(数—模)和 A/D(模—数)变换处理的所有输入/输出数据,它接收来自和到达基带的数据,并且还接收来自和到达天线的模拟信号。

二、无线个域网的分类

无线个域网(WPAN)的应用范围越来越广泛,涉及的关键技术也越来越丰富。通常人们按照传输速率将无线个域网的关键技术分为三类:低速 WPAN(LR-WPAN)技术、高速 WPAN 技术和超高速 WPAN 技术。

(一)低速 WPAN(LR-WPAN)

IEEE 802.15.4 包括工业监控和组网、办公和家庭自动化与控制、库存管理、人机接口装置以及无线传感器网络等。低速 WPAN 就是以 IEEE 802.15.4 为基础,为近距离联网设计的。

由于现有无线解决方案成本仍然偏高,而有些应用无需 WLAN,甚至不需要蓝牙系统那样的功能特性,LR-WPAN 的出现满足了市场需要。LR-WPAN 可以用于工业监测、办公和家庭自动化、农作物监测等方面。在工业监测方面,主要用于建立传感器网络、紧急状况监测、机器检测;在办公和家庭自动化方面,用于提供无线办公解决方案,建立类似传感器疲劳程度监测系统,用无线替代有线连接 VCR(盒式磁带像机)、计算机外设、游戏机、安全系统、照明和空调系统;在农作物监测方面,用于建立数千个 LR-WPAN 节点装置构成的网状网,收集土地信息和气象信息,农民利用这些信息可获取较高的农作物产量。

与 WLAN 和其他 WPAN 相比,LR-WPAN 具有结构简单、数据率较低、通信距离近、功耗低等特点,可见其成本自然也较低。

除了上述特点外 LR-WPAN 在诸如传输、网络节点、位置感知、网络拓扑、信息类型等其他方面还有独特的技术特性。

(二)高速 WPAN

在 WPAN 方面,蓝牙(IEEE 802.15.1)是第一个取代有线连接工作在个人环境下各种电器的 WPAN 技术,但是数据传输的有效速率仅限于 1Mb/s 以下。2003 年 8 月 6 日,IEEE 正式批准了 IEEE 802.15.3 标准,这一标准是专为在高速 WPAN 中使用的消费和便携式多媒体装置制定的。IEEE 802.15.3 支持 11Mb/s~55Mb/s 的数据率和基于高效的TDMA 协议。物理层运行在 2.4GHzISM 频段,可与 IEEE 802.11、IEEE 802.15.1 和IEEE 802.15.4 兼容,而且能满足其他标准当前无法满足的应用需求。按照 IEEE 802.15.3建立的 WPAN 拥有高达 55Mb/s 以上的数据传输速率。

(三)超高速 WPAN

在人们的日常生活中,随着无线通信装置的急剧增长,人们对网络中各种信息传送提出了速率更高、内容更快的需求,而 IEEE 802.15.3 高速 WPAN 渐渐的不能满足这一需求。

随后,IEEE 802.15.3a 工作组提出了更高数据率的物理层标准,用以替代高速 WPAN的物理层,这样就形成了更强大的超高速 WPAN 或超宽带(UWB)WPAN。超高速 WPAN可支持 110Mb/s~480Mb/s 的数据率。

IEEE 802.15.3a 超高速 WPAN 通信设备工作在 3.1GHz~10.6GHz 的非特许频段,EIRP 为-41.3dBW/MHz。它的辐射功率低,低辐射功率可以保证通信装置不会对特许业务和其他重要的无线通信产生严重干扰。

三、蓝牙技术

(一)蓝牙技术的特点

蓝牙技术利用短距离、低成本的无线连接代替了电缆连接,从而为现存的数据网络和小型的外围设备接口提供了统一的连接。它具有优越的技术性能,具体如下所示。

1.开放性

"蓝牙"是一种开放的技术规范,该规范完全是公开的和共享的。为帮助与生俱来的开放性赋予了蓝牙强大的生命力。从它诞生之日起,蓝牙就是一个由厂商们自己发起的技术协议,完全公开,并非某一家独有和保密。只要是 SIG 的成员,都有权无偿使用蓝牙的新技术,而蓝牙技术标准制定后,任何厂商都可以无偿地拿来生产产品,只要产品通过 SIG 组织的测试并符合蓝牙标准后,产品即可投入市场。

2.通用性

蓝牙设备的工作频段选在全世界范围内都可以自由使用的 2.4GHz 的 ISM(工业、科学、医学)频段,这样用户不必经过申请便可以在 2400MHz～2500MHz 范围内选用适当的蓝牙无线电设备。这就消除了"国界"的障碍,而在蜂窝式移动电话领域,这个障碍已经困扰用户多年。

3.短距离、低功耗

蓝牙无线技术通信距离较短,蓝牙设备之间的有效通信距离大约为 10m～100m,消耗功率极低,所以更适合于小巧的、便携式的、由电池供电的个人装置。

4.无线"即连即用"

蓝牙技术最初是以取消连接各种电器之间的连线为目标的。主要面向网络中的各种数据及语音设备,如 PC、PDA、打印机、传真机、移动电话、数码相机等。蓝牙通过无线的方式将它们连成一个围绕个人的网络,省去了用户接线的烦恼,在各种便携式设备之间实现无缝的资源共享。任意"蓝牙"技术设备一旦搜寻到另一个"蓝牙"技术设备,马上就可以建立联系,而无需用户进行任何设置,可以解释成"即连即用"。

5.抗干扰能力强

ISM 频段是对所有无线电系统都开放的频段,因此,使用其中的某个频段都会遇到不可预测的干扰源,例如,某些家电、无绳电话、汽车库开门器、微波炉等,都可能是干扰。为此,蓝牙技术特别设计了快速确认和跳频方案以确保链路稳定。跳频是蓝牙使用的关键技术之一。建立链路时,蓝牙的跳频速率为 3200 跳/s;传送数据时,对应单时隙包,蓝牙的跳频速率为 1600 跳/s;对于多时隙包,跳频速率有所降低。采用这样高的跳频速率,使得蓝牙系统具有足够高的抗干扰能力,且硬件设备简单、性能优越。

6.支持语音和数据通用

蓝牙的数据传输速率为 1Mb/s,采用数据包的形式按时隙传送,每时隙 $0.625\mu s$。蓝牙系统支持实时的同步定向连接和非实时的异步不定向连接,支持一个异步数据通道、3 个并发的同步语音通道。每一个语音通道支持 64kb/s 的同步话音,异步通道支持最大速率为 721kb/s,反向应答速率为 57.6kb/s 的非对称连接,或者是速率为 432.6kb/s 的对称连接。

7.组网灵活

蓝牙根据网络的概念提供点对点和点对多点的无线连接,在任意一个有效通信范围内,所有的设备都是平等的,并且遵循相同的工作方式。基于 TDMA 原理和蓝牙设备的平等性,任一蓝牙设备在主从网络(Piconet)和分散网络(Scatternet)中,既可做主设备(Master),又可做从设备(Slaver),还可同时既是主设备又是从设备。因此,在蓝牙系统中没有从站的概念。

另外,所有的设备都是可移动的,组网十分方便。

8. 软件的层次结构

与许多通信系统一样,蓝牙的通信协议采用层次式结构,其程序写在一个 $9nm\times9nm$ 的微芯片中。其低层为各类应用所通用,高层则视具体应用而有所不同,大体可分为计算机背景和非计算机背景两种方式,前者通过主机控制接口(Host Control Interface,HCI)实现高、低层的连接,后者则不需要 HCI。层次结构使其设备具有最大的通用性和灵活性。根据通信协议,各种蓝牙设备在任何地方,都可以通过人工或自动查询来发现其他蓝牙设备,从而构成主从网和分散网,实现系统提供的各种功能,使用起来十分方便。

(二)蓝牙核心协议

1. 基带协议

基带协议确保蓝牙微微网内各蓝牙设备单元之间建立链路的物理 RF 连接。基带协议提供两种不同的物理链路,一种是同步面向连接(Synchronous Connection-Oriented,SCO)链路;另一种是异步无连接(Asynchronous Coitionless,ACL)链路,而且在同一射频上可实现多路数据传送。ACL 适用于数据分组,其特点是可靠性好,但有延时;SCO 适用于话音以及话音与数据的组合,其特点是实时性好,但可靠性比 ACL 差。

2. 链路管理协议

链路管理协议(LMP)是基带协议的直接上层,它是蓝牙模块承上启下的重要成员。它主要用来控制和处理待发送数据分组的大小;管理蓝牙单元的功率模式及其在蓝牙网中的工作状态以及控制链路和密钥的生成、交换和使用。

3. 逻辑链路控制和适配协议

逻辑链路管理控制和适配协议 L2CAP 是位于基带协议之上的协议。它与 LMP 并行工作,共同传送往来基带层的数据。L2CAP 和 LMP 主要区别是 L2CAP 为上层提供服务,LMP 不为上层提供服务。基带协议支持 SCO 和 ACL 链路,而 L2CAP 仅支持 ACL 链路。L2CAP 的主要功能是协议的复用能力、分组的重组和分割、组提取。L2CAP 的分组数据最长达 64KB。

4. 服务发现协议

服务发现协议(SDP)的主要功能是能让两个不同的蓝牙设备相识并建立连接,为蓝牙的应用规范打下基础。SDP 的功能决定了蓝牙环境下的服务发现与传统网络下的服务发现有很大不同。SDP 能够为客户提供查询服务,允许特殊行为所需的查询。SDP 能根据服务的类型提供相应的服务。SDP 能在不知道服务特征的条件下提供浏览服务。SDP 能为发射设备服务,并对服务类型和属性提供唯一标识。SDP 还能让一个设备客户直接发现另外设备上的服务。

(三)蓝牙技术的应用

1. 实现"名片"及其他重要个人信息的交换

在 20 世纪 90 年代中期,一位未来学家曾预言未来的人们在交往中无需手持名片互相交换,只需穿上带有 CPU 芯片的皮鞋和戴上附有传感器的手表就可在双方握手的一瞬间互相传递个人的全部信息,从而取代名片的交换。

如今,蓝牙技术的出现让这一切成为现实。使用蓝牙技术无需穿戴特制的皮鞋和手表,也不必两手紧握,只需将手机轻轻一按就可以实现名片的交换。其简单方便程度远远超出了某些未来学家的大胆想象。

2. 实现数字化家园(E-home)

使用蓝牙技术可以把家用电脑与其他数字设备(如数码相机、打印机、移动电话、PDA、家庭影院、空调机等)有机地接在一起,形成"家庭微网",从而使人们真正享受到数字化家园的方便、高效与自在。

3. 更好地实现"因特网随身带"

通过 WAP 技术可以实现移动互联,但是有其不足之处。例如,由于显示屏幕大小,对长信息的浏览很不方便。

利用蓝牙技术,可以把 WAP 手机与笔记本电脑连接起来,从而很好地解决这个矛盾。既可实现移动互联,又不影响对长信息的浏览。

蓝牙设备就像一个"万能遥控器",将传统电子设备的一对一的连接变为一对多的连接。蓝牙技术自倡导以来,迅速风靡全球,以低成本的近距离无线连接为基础,为固定与移动设备通信环境建立一个特别连接。

通俗讲,就是蓝牙技术使得现代一些轻易携带的移动通信设备和电脑设备,不必借助电缆就能联网,并且能够实现无线上因特网。蓝牙技术的实际应用范围还可以拓展到各种家电产品、消费电子产品和汽车等,组成一个巨大的无线通信网络。

第四节　无线传感器网络技术

一、无线传感器网络概述

无线传感器网络(Wireless Sensor Network,WSN)是一门交叉性学科,涉及计算机、微机电系统、网络通信、信号处理、自动控制等诸多领域,集分布式信息采集、信息传输和信息处理于一体。它是由一组传感器以 Ad Hoc(点对点)方式构成的无线网络,其目的是协作地感知、采集和处理网络覆盖的地理区域中感知对象的信息,并将这些信息发布给需要的用户,无线传感器网络由许多个功能相同或者不同的无线传感器节点组成,它的基本组成单元是节点,这些节点集成了传感器、微处理器、无线接口和电源四个模块。无线传感器网络是由无线传感器节点、汇聚节点(Sink Node)、传输网络和管理节点(远程监控中心)组成。因此,无线传感器网络也可以理解成由部署在监测区域内大量的廉价微型传感器节点组成,通过无线通信方式形成的一个多跳自组织网络。

大量传感器节点随机部署在监测区域内部或者附近,能够通过自组织方式构成网络。传感器节点对监测目标进行检测,获取的数据经本地简单处理后再通过邻近传感器节点采用多跳的方式传输到汇聚节点,最后通过传输网络到达管理节点,用户通过管理节点对传感器网络进行配置和管理。

汇聚节点处理能力、存储能力和通信能力相对来说比较强,它既可以是一个具有足够能量供给和更多内存资源与计算能力的增强型传感器节点,也可以是一个带有无线通信接口的特殊网管设备。汇聚节点是感知信息的接受者和应用者,从广义的角度来说,汇聚节点可以是人,也可以是计算机或其他设备。

汇聚节点有两种工作模式:一种是主动式(Proactive),工作于该模式的汇聚节点周期性扫描网络和查询传感器节点从而获得相关的信息;另一种是响应式(Reactive),工作于该模式的汇聚节点通常处于休眠状态,只有传感器节点发出的感兴趣事件或消息触发才开始工作,一般来说,响应式工作模式较为常用。

二、无线传感器网络的特点

(一)自组织性

在传感器网络应用中,通常传感器节点放置在没有基础结构设施的地方。通常网络所处物理环境及网络自身有很多不可预测因素,传感器节点的位置有时不能预先精确设定,节点之间的相互邻居关系预先也不知道,如通过飞机将传感器节点播撒到面积广阔的原始森林,或随意放置到人员不可到达或危险的区域。

由于传感器网络的所有节点的地位都是平等的,没有预先指定的中心,各节点通过分布式算法来相互协调。在无人值守的情况下,节点就能自动组织起一个探测网络。正因为没有中心,网络便不会因为单个节点的脱离而受到损害。

以上因素要求传感器节点具有自组织的能力,能够自动地进行配置和管理,通过拓扑控制机制和网络协议,自动形成转发监测数据的多跳无线网络系统。

在传感器网络的使用过程中,部分传感器节点由于能量耗尽或环境因素造成失效,也有一些节点为了弥补失效节点、增加监测精度而补充到网络中,这样在传感器网络中的节点个数就动态地增加或减少,从而使网络的拓扑结构随之动态变化,传感器网络的自组织性要适应这种网络拓扑结构的动态变化。

(二)以数据为中心

目前的互联网是先有计算机终端系统,然后再互联成为网络,终端系统可以脱离网络独立存在。在因特网中网络设备是用网络中唯一的 IP 地址来标识,资源定位和信息传输依赖于终端、路由器和服务器等网络设备的 IP 地址。如果希望访问因特网中的资源,首先要知道存放资源的服务器 IP 地址,可以说目前的因特网是一个以地址为中心的网络。

传感器网络是任务型的网络,脱离传感器网络谈论传感器节点是没有任何意义的。传感器网络中的节点采用节点编号标识,节点编号是否需要全网唯一,这取决于网络通信协议的设计。

由于传感器节点属于随机部署,构成的传感器网络与节点编号之间的关系是完全动态的,表现为节点编号与节点位置没有必然的联系。用户使用传感器网络查询事件时,直接将所关心的事件通告给网络,而不是通告给某个确定编号的节点。网络在获得指定事件的信息后汇报给用户。这种以数据本身作为查询或传输线索的思想,更接近于自然语言交流的习惯,因此说传感器网络是一个以数据为中心的网络。

无线传感器网络更关心数据本身,如事件、事件和区域范围等,并不关注是哪个节点采集的。例如,在目标跟踪的传感器网络中,跟踪目标可能出现在任何地方,对目标感兴趣的用户只关心目标出现的位置和时间,并不必关心哪个节点监测到目标。事实上,在目标移动的过程中,必然是由不同的节点提供目标的位置消息。

(三)应用相关性

传感器网络用来感知客观物理世界,获取物理世界的信息量。客观世界的物理量多种多样,不可穷尽。不同的传感器网络应用关心不同的物理量,因此,对传感器的应用系统也有多种多样的要求。

不同的应用背景对传感器网络的要求不同,它们的硬件平台、软件系统和网络协议会有所差别。因此,传感器网络不可能像因特网那样,存在统一的通信协议平台。不同的传感器网络应用虽然存在一些共性问题,但在开发传感器网络应用系统时,人们更关心传感器网络的差异。只有让具体系统更贴近于应用,才能符合用户的需求和兴趣点。针对每一个具体应用来研究传感器网络技术,这是传感器网络设计不同于传统网络的显著特征。

(四)动态性

下列因素可能会导致传感器网络的拓扑结构随时发生改变,而且变化的方式与速率难以预测:①环境因素或电能耗尽造成的传感器节点出现故障或失效。②环境条件变化可能造成无线通信链路带宽变化,甚至时断时通。③传感器网络的传感器、感知对象和观察者这三要素都可能具有移动性。④新节点的加入。⑤由于传感器网络的节点是处于变化的环境,它的状态也在相应地发生变化,加之无线通信信道的不稳定性,网络拓扑因而也在不断地调整变化,而这种变化方式是无人能准确预测出来的。这就要求传感器网络系统要能够适应这种变化,具有动态的系统可重构性。

(五)网络规模大

为了获取精确信息,在监测区域通常部署大量的传感器节点,传感器节点数量可能达到成千上万。传感器网络的大规模性包括两方面含义:一方面是传感器节点分布在很大的地理区域内,例如,在原始森林采用传感器网络进行森林防火和环境监测,需要部署大量的传感器节点;另一方面,传感器节点部署很密集,在一个面积不是很大的空间内,密集部署了大量的传感器节点,实现对目标的可靠探测、识别与跟踪。

传感器网络的大规模性具有如下优点:通过不同空间视角获得的信息具有更大的信噪比;分布式地处理大量的采集信息,能够提高监测的精确度,降低对单个节点传感器的精度要求;大量冗余节点的存在,使得系统具有很强的容错性能;大量节点能增大覆盖的监测区域,减少探测遗漏地点或者盲区。

(六)可靠性

传感器网络特别适合部署在恶劣环境或人员不能到达的区域,传感器节点可能工作在露天环境中,遭受太阳的暴晒或风吹雨淋,甚至遭到无关人员或动物的破坏。传感器节点往往采用随机部署,如通过飞机撒播或发射炮弹到指定区域进行部署。这些都要求传感器节点非常坚固,不易损坏,适应各种恶劣环境条件。

无线传感器网络通过无线电波进行数据传输,虽然省去了布线的烦恼,但是相对于有线网络,低带宽则成为它的天生缺陷。同时,信号之间还存在相互干扰,信号自身也在不断地衰减,网络通信的可靠性也是不容忽视的。

另外,由于监测区域环境的限制以及传感器节点数目巨大,不可能人工"照顾"到每个节点,网络的维护十分困难甚至不可维护。传感器网络的通信保密性和安全性也十分重要,防止监测数据被盗取和收到伪造的监测信息。因此,传感器网络的软硬件必须具有鲁棒性和容错性。

三、无线传感器网络的关键技术

(一)无线传感器网络的路由协议

1.无线传感器网络路由协议的分类

(1)能量感知路由协议

高效利用网络能量是传感器网络路由协议的一个显著特征,早期提出的一些传感器网络路由协议往往仅考虑了能量因素。为了强调高效利用能量的重要性,在此将它们划分为能量感知路由协议。能量感知路由协议从数据传输中的能量消耗出发,讨论最优能量消耗路径以及最长网络生存期等问题。

(2)基于查询的路由协议

在诸如环境检测、战场评估等应用中,需要不断查询传感器节点采集的数据,汇聚节点(查询节点)发出任务查询命令,传感器节点向查询节点报告采集的数据。在这类应用中,通信流量主要是查询节点和传感器节点之间的命令和数据传输,同时传感器节点的采样信息在传输路径上通常要进行数据融合,通过减少通信流量来节省能量。

(3)地理位置路由协议

在诸如目标跟踪类应用中,往往需要唤醒距离跟踪目标最近的传感器节点,以得到关于目标的更精确位置等相关信息。在这类应用中,通常需要知道目的节点的精确或者大致地理位置,把节点的位置信息作为路由选择的依据,不仅能够完成节点路由功能,还可以降低系统专门维护路由协议的能耗。

(4)可靠的路由协议

无线传感器网络的某些应用对通信的服务质量有较高要求,如可靠性和实时性等。而在无线传感器网络中,链路的稳定性难以保证,通信信道质量比较低,拓扑变化比较频繁,要实现服务质量保证,需要设计相应的可靠的路由协议。

2.无线传感器网络路由协议的特点

(1)能量优先

传统路由协议在选择最优路径时,很少考虑节点的能量消耗问题。而无线传感器网络中节点的能量有限,延长整个网络的生存期成为传感器网络路由协议设计的重要目标,因此,需要考虑节点的能量消耗以及网络能量均衡使用的问题。

(2)基于局部拓扑信息

无线传感器网络为了节省通信能量,通常采用多跳的通信模式,而节点有限的存储资源和计算资源,使得节点不能存储大量的路由信息,不能进行太复杂的路由计算。在节点只能获取局部拓扑信息和资源有限的情况下,如何实现简单高效的路由机制是无线传感器网络的一个基本问题。

(3)以数据为中心

传统的路由协议通常以地址作为节点的标识和路由的依据,而无线传感器网络中大量节点随机部署,所关注的是监测区域的感知数据,而不是具体哪个节点获取的信息,不依赖于全网唯一的标识。无线传感器网络通常包含多个传感器节点到少数汇聚节点的数据流,按照对感知数据的需求、数据通信模式和流向等,以数据为中心形成消息的转发路径。

(4)应用相关

无线传感器网络的应用环境千差万别,数据通信模式不同,没有一个路由机制适合所有的应用,这是无线传感器网络应用相关性的一个体现。设计者需要针对每一个具体应用的需求,设计与之适应的特定路由机制。

3. 无线传感器路由协议的性能指标

(1)网络生命周期

网络生命周期是指无线传感器网络从开始正常运行到第1个节点由于能量耗尽而退出网络所经历的时间。

(2)低延时性

低延时性是指网关节点发出数据请求到接收返回数据的时间延迟。

(3)鲁棒性

一个系统的鲁棒性是该系统在异常和危险情况下系统生存的能力;系统在一定的参数摄动下,维持性能稳定的能力。无线传感器网络中路由协议也应具有鲁棒性。具体地讲,就是路由算法应具备自适应性和容错性(Fault Tolerant),在部分传感节点因为能源耗尽或环境干扰而失效,不应影响整个网络的正常运行。

(4)可扩展性

网络应该能够方便地进行规模扩展,传感器节点群的加入和退出都将导致网络规模的变动,优良的路由协议应该体现很好的扩展性。

(二)无线传感器网络的时间同步技术

1. 时间同步的分类

(1)外同步与内同步

外同步是指同步时间参考源来自于网络外部。典型外同步的例子为:时间基准节点通过外接 GPS 接收机获得 UTC(Universal Time Coordinated)时间,而网内的其他节点通过时间基准节点实现与 UTC 时间的间接同步;或者为每个节点都外接 GPS 接收机,从而实现与 UTC 时间的直接同步。内同步则是指同步时间参考源来源于网络内部,例如,为网内某个节点的本地时间。

（2）局部同步与全网同步

根据不同应用的需要,若需要网内所有节点时间的同步则称为全网同步。某些例如事件触发类应用,往往只需要部分与该事件相关的节点同步即可,这称为局部同步。

2. 时间同步技术的应用

（1）多传感器数据压缩与融合

当传感器节点密集分布时,同一事件将会被多个传感器节点接收到。如果直接把所有的事件都发送给基站节点进行处理,将造成对网络带宽的浪费。此外,由于通信开销远高于计算开销,因此,对一组邻近节点所侦测到的相同事件进行正确识别,并对重复的报文进行信息压缩后再传输将会节省大量的电能。为了能够正确地识别重复报文,可以为每个事件标记一个时间戳,通过该时间戳可达到对重复事件的鉴别。时间同步越精确,对重复事件的识别也会更有效。

数据融合技术可在无线传感器网络中得到充分发挥,融合近距离接触目标的分布式节点中多方位和多角度的信息可以显著提高信噪比,缩小甚至有可能消除探测区域内的阴影和盲点。但这有一个基本前提:网络中的节点必须以一定精度保持时间同步,否则根本无法实施数据融合。例如,将一组时间序列融合成为对动物行进速度和方向的估计,这是需要建立在时间同步基础上的。

（2）低功耗 MAC 协议

研究表明:被动监听无线信道的功耗与主动发送分组的功耗是相当的。因此,无线传感器网络 MAC 层协议设计的一个基本原则是尽可能地关闭无线通信模块,只在无线信息交换时短暂唤醒它,并在快速完成通信后,重新进入休眠状态,以节省宝贵的电能。如果 MAC协议采用最直接的时分多路复用策略,利用占空比的调节便可实现上述目标,但需要参与通信的双方首先实现时间同步,并且同步精度越高,防护频带越小,相应的功耗也越低。因此,高精度的时间同步是低功耗 MAC 协议的基础。

（3）测距定位

定位功能是许多典型的无线传感器网络应用的必需条件,也是当前的一项研究热点。易于想象:如果网络中的节点保持时间同步,则声波在节点间的传输时间很容易被确定。由于声波在一定介质中的传播速度是确定的,因此,传输时间信息很容易转换为距离信息。这意味着,测距的精度直接依赖于时间同步的精度。

（4）分布式系统的传统要求

前面结合传感器网络的特殊性讨论了时间同步的重要性,就一般意义的分布式系统而言,时间同步在数据库查询、保持状态一致性和安全加密等应用领域也是不可缺少的关键机制。

（5）协作传输的要求

通常来说,由于无线传感器网络节点的传输功率有限,不能和远方基站（如卫星）直接通信,直接放置大功率的节点有时是困难甚至不可能的。因此,提出了协作传输（Cooperative Transmission）,其基本思想为:网络内多个节点同时发送相同的信息,基于电磁波的能量累加效应,远方基站将会接收到一个瞬间功率很强的信号,从而实现直接向远方节点传输信息的目的。当然,要实现协作传输,不仅需要新型的调制和解调方式,而且精确的时间同步也是基本前提。

(三)无线传感器网络的节点定位技术

1.节点定位的基本概念

节点定位机制是指依靠有限的位置已知节点,确定布设区中其他节点的位置,在传感器节点间建立起空间关系的机制。

与传统计算机网络相比,无线传感器网络在计算机软硬件所组成计算世界与实际物理世界之间建立了更为紧密的联系,高密度的传感器节点通过近距离观测物理现象极大地提高了信息的"保真度"。在大多数情况下,只有结合位置信息,传感器获取的数据才有实际意义。以温度测量为例,如果不考虑原始数据产生的位置,我们只能将所有节点测得的数据进行平均,得出某个时刻监测区的平均温度;如果结合节点的位置信息,我们则可以绘制出温度等高线,在空间上分析网络布设区内的温度分布情况。对于目标定位与跟踪这一典型应用,现有的研究都将节点位置已知作为一个前提条件。

另外,许多对无线传感器网络协议的研究也都利用了节点的位置信息。在网络层,因为无线传感器网络节点无全局标志,可以设计基于节点位置信息的路由算法;在应用层,根据节点位置,无线传感器网络系统可以智能地选择一些特定的节点来完成任务,从而降低了整个系统的能耗,提高系统的存活时间。

针对不同的无线传感器网络应用,节点定位难度不尽相同。对于军事应用,节点布设有可能采取空投的方式,导致节点位置随机性非常高,系统可用的外部支持也很少;而在另外一些场合,节点布设可能相对容易,系统也可能有较多的外部支持。为了实现普适计算,国外研究了很多传感器定位系统。这样的系统一般由大量传感器以有线方式联网构成,系统的目标是确定某个区域内物体的位置。这些系统依赖于大量基础设施的支持,采用集中计算方式,不考虑节能要求。在机器人领域,也有很多关于机器人定位的研究,但这些算法一般不考虑计算复杂度及能量限制的问题。由于无线传感器网络节点成本低、能量有限、随机密集布设等特点,上述定位方法均不适用于无线传感器网络。

全球定位系统(Global Positioning System,GPS)已经在许多领域得到了应用,但为每个节点配备 GPS 接收装置是不现实的。

2.定位算法的分类

(1)基于距离的定位算法和非基于距离的定位算法

最常见的定位机制就是基于距离和非基于距离的定位算法。前者根据节点间的距离信息,结合几何学原理,计算节点位置;后者则利用节点间的邻近关系和网络连通性进行定位。

通过物理测量获得节点之间的距离或连接有向线段的夹角信息来对节点进行定位的算法是基于测距的定位算法。不是通过周边参考节点的测距,而是利用节点的连通性和多条路由信息交换来对节点进行定位的算法就是非基于测距的定位算法。基于测距的定位算法定位精度较高,但对于硬件设备的费用支出和相关的功耗较大;总的来讲,非基于测距定位算法实施的成本较低。

（2）基于信标节点的定位算法和无信标节点的定位算法

如果使用了信标节点及信标节点数据的定位算法叫基于信标节点的定位算法,否则就是无信标节点的定位算法。基于信标节点的定位算法以信标节点为参考点,通过定位后,完成了绝对坐标系中坐标描述;无信标节点的定位算法无需其他节点的绝对坐标数据信息,只依靠节点的相对位置关系确定待定位节点的位置,这样所得出的位置信息是在相对坐标系中进行的,定位数据也是在相对坐标系中描述的。

（3）物理定位算法和符号定位算法

通过定位后得到传感器节点的物理位置的算法是物理定位算法,如获得节点的三维坐标和方位角等;若通过定位后得到传感器节点的符号位置的算法就是符号定位算法,如获得节点的定位信息是传感器节点位于建筑物中的多少号房间。

有些应用场合适合使用符号定位算法,如建筑物特定火情监测区域中,火灾传感器的分布,使用符号定位算法就很方便;大多数定位算法都能提供物理定位信息。

（4）递增式的定位算法和并发式的定位算法

在定位的过程中,首先是从信标节点开始,对与信标节点相邻的节点进行定位,再逐渐地向远离信标节点的位置对节点进行定位,这种定位算法就是递增式的定位算法。递增式定位算法会产生较大的累积误差。如果同时性地处理节点定位信息,则是并发式的定位算法。

（5）细粒度定位算法和粗粒度定位算法

根据定位算法所需信息的粒度可将定位算法分为:细粒度（Fine-Grained）定位算法和粗粒度（Coarse-Grained）定位算法。根据接收信号强度、时间、方向和信号模式匹配（Signal Pattern Matching）等来完成定位的被称为"细粒度定位算法";而根据节点的接近度（Proximity）等来完成定位的则称为"粗粒度定位算法"。Cricket、AHlos、RADAR、LCB 等都属于细粒度定位算法;而质心算法、凸规划算法等则属于粗粒度定位算法。

四、无线传感器网络的应用

（一）环境监测和预报系统

随着人们对于环境的日益关注,环境科学所涉及的范围越来越广泛。无线传感器网络在环境研究方面可用于监视农作物灌溉情况、土壤空气情况、牲畜和家禽的环境状况和大面积的地表监测等,可用于行星探测、气象和地理研究、洪水监测等,还可以通过跟踪鸟类、小型动物和昆虫进行种群复杂度的研究等。

基于无线传感器网络的 ALERT 系统中就有数种传感器用来监测降雨量、河水水位和土壤水分,并依此预测爆发山洪的可能性。类似地,无线传感器网络可实现对森林环境监测和火灾报告,传感器节点被随机密布在森林之中,平常状态下定期报告森林环境数据,当发生火灾时,这些传感器节点通过协同合作会在很短的时间内将火源的具体地点、火势的大小等信息传送给相关部门。

(二)医疗健康监测

利用传感器网络可高效传递必要的信息从而方便接受护理,而且可以减轻护理人员的负担,提高护理质量。利用传感器网络长时间的收集人的生理数据,可以加快研制新药品的过程,而安装在被监测对象身上的微型传感器也不会给人的正常生活带来太多的不便。此外,在药物管理等诸多方面,它也有新颖而独特的应用。总之,传感器网络为未来的远程医疗提供了更加方便、快捷的技术实现手段。

罗切斯特大学的一项研究表明,这些计算机甚至可以用于医疗研究。科学家使用无线传感器创建了一个"智能医疗之家",即一个 5 间房的公寓住宅,在这里利用人类研究项目来测试概念和原型产品。"智能医疗之家"使用微尘来测量居住者的重要征兆(血压、脉搏和呼吸)、睡觉姿势以及每天 24 小时的活动状况,所搜集的数据将被用于开展以后的医疗研究。

(三)建筑物状态监控

建筑物状态监控(Structure Health Monitoring,SHM)是利用无线传感器网络来监控建筑物的安全状态。由于建筑物不断修补,可能会存在一些安全隐患,虽然地壳偶尔的小震动可能不会带来看得见的损坏,但是也许会在支柱上产生潜在的裂缝,这个裂缝可能会在下一次地震中导致建筑物倒塌。用传统方法检查,往往要将大楼关闭数月。作为 CITRIS(Center of Information Technology Research in the Interest of Society)计划的一部分,美国加州大学伯克利分校的环境工程和计算机科学家们采用无线传感器网络,让大楼、桥梁和其他建筑物能够自身感觉并意识到它们本身的状况,使得安装了无线传感器网的智能建筑自动告诉管理部门它们的状态信息,并且能够自动按照优先级来进行一系列自我修复工作;未来的各种摩天大楼可能就会安装这种装置,从而使建筑物可自动告诉人们当前是否安全、稳固程度如何等信息。

(四)智能家居

无线传感器网络能够应用在家居中。在家电和家具中嵌入传感器节点,通过无线网络与 Internet 连接在一起,将会为人们提供更加舒适、方便和更具人性化的智能家居环境。

利用远程监控系统,可完成对家电的远程遥控,例如,可以在回家之前半小时打开空调,这样回家的时候就可以直接享受适合的室温,也可以遥控电饭锅、微波炉、电冰箱、电话机、电视机、录像机、计算机等家电,按照自己的意愿完成相应的煮饭、烧菜、查收电话留言、选择录制电视和电台节目以及下载网上资料到计算机中等工作,也可以通过图像传感设备随时监控家庭安全情况。

利用无线传感器网络可以建立智能幼儿园,监测孩童的早期教育环境,跟踪孩童的活动轨迹,可以让父母和教师全面地研究学生的学习过程。

(五)智能交通

通过布置于道路上的速度识别传感器,监测交通流量等信息,为出行者提供信息服务,发现违章能及时报警和记录。反恐和公共安全通过特殊用途的传感器,特别是生物化学传感器监测有害物、危险物的信息,最大限度地减少其对人民群众生命安全造成的伤害。

（六）空间探测

通过向人类现在还无法到达或无法长期工作的太空外的其他天体上设置传感器网络接点的方法，可以实现对其长时间的监测，通过这些传感器网发回的信息进行分析，可以知道这些天体的具体情况，为更好地了解、利用它们提供了一个有效的手段。

（七）农业应用

农业是无线传感器网络使用的另一个重要领域，为了研究这种可能性，英特尔率先在俄勒冈州建立了第一个无线葡萄园。传感器被分布在葡萄园的每个角落，每隔一分钟检测一次土壤温度，以确保葡萄可以健康生长，进而获得大丰收。

不久以后，研究人员将实施一种系统，用于监视每一传感器区域的湿度，或该地区有害物的数量。他们甚至计划在家畜（如狗）上使用传感器，以便可以在巡逻时搜集必要信息。这些信息将有助于开展有效的灌溉和喷洒农药，进而降低成本和确保农场获得高收益。

第七章　网络管理与安全

第一节　网络管理

一、网络管理概述

计算机网络是一个包含了硬件、软件、线路、设备等的复杂系统,为了能够保证计算机网络的正常运行,对于网络的各个组成必须进行方便、有效的管理。网络管理包括对硬件、软件和人力的使用、综合与协调,对网络中的各种资源进行监视、测试、配置、分析、评价和控制,这样就能以合理的成本满足网络的一些需求,如实时运行性能、服务质量等,当网络出现故障时能及时报告和处理,并协调、保持网络系统的高效运行等。

网络管理的目的是使网络资源可以得到有效利用,能够及时发现、报告、处理网络中出现的故障,保证网络能够正常、高效运行。网络管理系统是为了实现网络管理而在网络系统上部署的各个组件组成的有机整体,主要包括五个部分:管理进程、被管对象、代理进程、网络管理协议、管理信息库。

管理进程:管理进程是网络管理的主动实体,它提供了网络管理员与被管对象之间的界面,通过它,网络管理员可以读取或修改被管对象的网络管理信息,下达对于被管对象的管理命令。

被管对象:被管对象是网络中的软硬件设备,如交换机、路由器、服务器等。

代理进程:代理进程运行在被管对象上,执行管理进程交付的命令,向管理进程报告本地出现的异常情况。

网络管理协议:网络管理协议规定管理进程和代理进程之间交互的网络管理信息的格式、含义和交互过程,目前流行的网络管理协议有:TCP/IP 协议体系的简单网络管理协议(Simple Network Management Protocol,SNMP)和 OSI 参考模型的公共管理信息协议(Common Management Information Protocol,CMIP)。

管理信息库(MIB):用来存放被管对象的管理信息,它是一个概念上的数据库,每个被管对象都有一个本地管理信息库,存放本地设备相关的信息,代理进程可以读取和修改本地 MIB 中的信息,并与管理进程交换网络状态信息,各个本地 MIB 共同构成整个网络管理系统的 MIB。

为了对网络管理形成标准,ISO 定义了网络管理的五个功能域,分别是故障管理(Fault Management)、配置管理(Configuration Management)、计费管理(Accounting Management)、性能管理(Performance Management)、安全管理(Security Management)。

故障管理:故障管理是为了快速发现故障,查明故障原因,以便及时进行维修,尽可能减少故障造成对网络正常运行的影响。故障管理是对计算机网络中的问题或故障进行报告和定位的过程,主要包含故障检测和报警、故障预测、故障诊断和定位三个功能模块。

配置管理:配置管理是监控网络中各个设备的配置信息,包括网络拓扑结构、各个设备的互联和链路情况,设备的软硬件配置参数以及网络资源分配信息等。

计费管理:计费管理是对用户使用网络资源的情况进行记录并根据网络管理部门的计费策略核算费用,目的是正确计算和收取用户使用网络资源及服务的费用,以及对网络资源利用率的统计和网络的成本效益核算。

性能管理:性能管理用来持续性的监测和记录网络运行的状态,通过收集记录的网络运行性能的指标参数分析网络运行情况,判断网络运行是否正常。

安全管理:安全管理的目的是确保网络资源不被非法使用,防止网络资源被非法用户恶意攻击而遭到破坏。网络安全管理一般包含风险分析、安全告警、日志管理、安全访问控制、安全审计跟踪等功能。

二、简单网络管理协议(SNMP)

计算机网络是由路由器、交换机、服务器等各种设备组成的复杂的体系,这些设备的生产厂家、型号都未必相同,如果一个厂家对自己的设备有一个独有的协议来进行管理,那么管理众多形形色色的网络资源对于网络管理人员来说会是一件非常麻烦的事情。如果能够建立一个标准规定所有的网络产品在管理上形成统一的接口,只要通过一种方式就能把所有设备进行统一管理,就会使得网络管理的难度大大降低。SNMP协议就是这样一种规范,利用SNMP只需一些"简单"的操作便可实现对网络设备的远程管理,这就是SNMP产生的背景。

SNMP的基本思想:为不同种类的设备、不同厂家生产的设备、不同型号的设备,定义一个统一的接口和协议,使得管理员可以使用统一的外观对这些需要管理的网络设备进行管理。通过网络,管理员可以管理位于不同物理空间的设备,从而大大提高网络管理的效率,简化网络管理员的工作。

(一)SNMP网络管理模型

管理信息库(MIB):任何一个被管理的资源都表示成一个对象,称为被管理对象。MIB是被管理对象的集合。它定义了被管理对象的一系列属性:对象的名称、对象的访问权限和对象的数据类型等,每个SNMP设备(Agent)都有自己的MIB。MIB也可以看作是NMS(网管系统)和Agent之间的沟通桥梁。

管理信息结构(SMI):SMI定义了SNMP框架所用信息的组织、组成和标识,它还为描述MIB对象和描述协议怎样交换信息奠定了基础。

SNMP报文协议是一个请求/应答式的协议,它定义了管理站和代理之间交换信息的分组格式,其中包含各代理中的对象(变量)名及其状态(值)。

在具体实现上,SNMP为管理员提供了一个网管平台(NMS),又称为管理站,负责网管命令的发出、数据存储及数据分析。被监管的设备上运行一个 SNMP 代理(Agent),代理实现设备与管理站的 SNMP 通信。

管理站与代理端通过 MIB 进行接口统一,MIB 定义了设备中的被管理对象。管理站和代理都实现了相应的 MIB 对象,使得双方可以识别对方的数据,实现通信。管理站向代理申请 MIB 中定义的数据,代理识别后,将管理设备提供的相关状态或参数等数据转换为 MIB 定义的格式,应答给管理站,完成一次管理操作。

已有的设备,只要新加一个 SNMP 模块就可以实现网络支持。旧的带扩展槽的设备,只要插入 SNMP 模块插卡即可支持网络管理。网络上的许多设备,如路由器、交换机等,都可以通过添加一个 SNMP 网管模块而增加网管功能。服务器可以通过运行一个网管进程实现。其他服务级的产品也可以通过网管模块实现网络管理,如 Oracle、WebLogic 都有 SNMP 进程,运行后就可以通过管理站对这些系统级服务进行管理。

(二)管理信息库(MIB)

IETF 规定的管理信息库(MIB)定义了可访问的网络设备及其属性,由对象识别符 (OID:Object Identifier)唯一指定。MIB 的定义与具体的网络管理协议无关,这对于厂商和用户都有利。厂商可以在产品(如路由器)中包含 SNMP 代理软件,并保证在定义新的 MIB 项目后该软件仍遵守标准。用户可以使用同一网络管理客户软件来管理具有不同版本的 MIB 的多个路由器。

(三)管理信息结构(SMI)

为了规范管理信息模型,SNMP 发布了管理信息结构(SMI),SMI 定义了 SNMP 框架所用信息的组织、组成和标识,规定了 MIB 中被管对象的数据类型及其表示和命名方法。 SMI 的宗旨是保持了 MIB 的简单性和可扩展性,只允许存储标量和二维数组,不支持复杂的数据结构。从而简化了操作,加强了互操作性。它还为描述 MIB 对象和描述协议怎样交换信息奠定了基础。

SMI 提供了以下标准化技术表示管理信息:①定义了 MIB 的层次结构;②提供了定义管理对象的语法结构;③规定了对象值的编码方法。

按照 SMI 定义的 SNMP 管理对象都具有三个属性:名字、语法和编码。名字即对象标识符,唯一标识一个 MIB 对象;语法即如何描述对象的信息,它用抽象语法标记法(ASN.1)来定义对象的数据结构,同时针对 SNMP 的需要做一定的补充;编码描述了一个管理对象的相关信息如何被格式化为适合网络传送的数据段,SMI 规定了对象信息编码采用基本编码规则(BER)。

(四)SNMP 报文协议

SNMP 报文协议的基本功能是:取得、设置和接收代理发送的意外信息。取得指的是管理站发送请求,代理根据这个请求回送相应的数据,设置是管理站设置管理对象(也就是代理)的值,接收代理发送的意外信息是指代理可以在管理站未请求的状态下向基站报告发生的意外情况。

SNMP 为应用层协议,是 TCP/IP 协议族的一部分。它通过用户数据报协议(UDP)来操作。在分立的管理站中,管理者进程对位于管理站中心的 MIB 的访问进行控制,并提供网络管理员接口。管理者进程通过 SNMP 完成网络管理。SNMP 在 UDP、IP 及有关的特殊网络协议(如 Ethernet,FDDI,X. 25)之上实现。

第二节　网络安全基础

一、网络安全研究背景

近几年,随着移动互联网、大数据、云计算、人工智能等新一代信息技术的快速发展,围绕网络和数据的服务与应用呈现爆发式增长,网络与社会生活的联系越来越紧密,特别是移动支付等工具的出现,使得人们的真实信息和个人财产都纳入了网络之中。通过网络,人们可以实现各种社会需求,如交际、购物、各种娱乐活动,但是,丰富的网络应用场景下也暴露出越来越多的网络安全风险和问题,并在全球范围内产生广泛而深远的影响,如近几年频繁发生的勒索病毒攻击、跨国电信诈骗、数据泄露等事件,给互联网发展带来巨大的挑战。由于介入 Internet 的个人和单位主机数量快速增长,尤其是计算机在政府、国防、金融、公安和商业等部门的广泛应用,社会对计算机的依赖越来越大,而计算机系统的安全一旦受到破坏,不仅会导致严重的社会混乱,也会带来巨大的经济损失。世界很多国家每年因计算机犯罪所造成的经济损失令人吃惊,远远超过了普通经济犯罪的损失。因此,确保计算机系统的安全已成为世界关注的社会问题,网络信息安全已成为信息科学的热点课题。

网络信息安全技术的提升可以减少信息的泄露和数据破坏事件的发生,网络安全是一个关系国家安全和主权、社会的稳定、民族文化的继承和发扬的重要问题,其重要性,正随着全球信息化步伐的加快而变到越来越重要。

二、网络安全体系结构及网络安全协议

网络安全是信息安全中的重要研究内容之一,也是当前信息安全领域中的研究热点。研究内容包括:网络安全整体解决方案的设计与分析,网络安全产品的研发等。网络安全包括物理安全和逻辑安全。物理安全指网络系统中各通信、计算机设备及相关设施的物理保护,免于破坏、丢失等。逻辑安全包含信息完整性、保密性、非否认性和可用性。它是一个涉及网络、操作系统、数据库、应用系统、人员管理等方方面面的事情,必须综合考虑。

网络安全是网络正常运行的前提。网络安全不单是单点的安全,而是整个信息网的安全,需要从物理、网络、系统、应用和管理方面进行立体的防护。要知道如何防护,首先需要了解安全风险来自于何处。网络安全系统必须包括技术和管理两方面,涵盖物理层、系统层、网络层、应用层和管理层各个层面上的诸多风险类。无论哪个层面上的安全措施不到位,都会存在很大的安全隐患,都有可能造成网络的中断。根据国内网络系统的网络结构和应用情况,应当从网络安全、系统安全、应用安全及管理安全等方面进行全面地分析。

网络安全性可以被粗略地分为四个相互交织的部分:保密、鉴别、反拒认以及完整性控

制。保密是保护信息不被未授权者访问,这是人们提到网络安全性时最常想到的内容,鉴别主要指在揭示敏感信息或进行事务处理之前先确认对方的身份,反拒认主要与签名有关。保密和完整性通过使用注册过的邮件和文件锁来实现。

通过对网络系统的风险分析及需要解决的安全问题,我们需要制定合理的安全策略及安全方案来确保网络系统的可用性、机密性、完整性、可控性与可审查性。可用性是指授权实体有权访问数据;机密性是指信息不暴露给未授权实体或进程;完整性是指保证数据不被未授权修改;可控性是指控制授权范围内的信息流向及操作方式;可审查性是指对出现的安全问题提供依据与手段。

访问控制:需要由防火墙将内部网络与外部不可信任的网络隔离,对与外部网络交换数据的内部网络及其主机、所交换的数据进行严格的访问控制。同样,对内部网络,由于不同的应用业务以及不同的安全级别,也需要使用防火墙将不同的 LAN 或网段进行隔离,并实现相互的访问控制。

数据加密:数据加密是在数据传输、存储过程中防止非法窃取、篡改信息的有效手段。

安全审计:识别与防止网络攻击行为、追查网络泄密行为的重要措施之一。具体包括两方面的内容,一是采用网络监控与入侵防范系统,识别网络各种违规操作与攻击行为,即时响应(如报警)并进行阻断;二是对信息内容的审计,可以防止内部机密或敏感信息的非法泄漏。

一个完整的计算机网络安全体系结构应包含网络的物理安全、访问控制安全、系统安全、用户安全、信息加密、安全传输和管理安全等。充分利用先进的主机安全技术、身份认证技术、访问控制技术、密码技术、防火墙技术、安全审计技术、安全管理技术、系统漏洞监测技术、黑客跟踪技术,在攻击者和受保护资源间建立多道严密的安全防线,极大地增加了恶意攻击的难度,并增加了审核信息数量,利用这些审核信息可以跟踪入侵者。

在实施网络安全措施时,要加强主机本身的安全,做好安全配置,及时安装安全补丁程序,减少漏洞;用各种系统漏洞监测软件定期对网络系统进行扫描分析,找出可能存在的安全隐患,并及时加以修补;从路由器到用户各级建立完善的访问控制措施,安装防火墙,加强授权管理和认证。利用 RAID5 等数据存储技术加强数据备份和恢复措施,对敏感的设备和数据要建立必要的物理或逻辑隔离措施,对在公共网络上传输的敏感信息要进行数据加密,安装防病毒软件,加强内部网络的整体防病毒措施,建立详细的安全审计日志,以便检测并跟踪入侵攻击等。

三、网络安全协议

网络安全协议是在网络活动中,通信的各方为了保证信息交换安全可靠而制定的规则集合。网络安全协议是营造网络安全环境的基础,是构建安全网络的关键技术。设计并保证网络安全协议的安全性和正确性能够从基础上保证网络安全,避免因网络安全等级不够而导致网络数据信息丢失或文件损坏等信息泄露问题。在计算机网络应用中,人们对计算机通信的安全协议进行了大量的研究,以提高网络信息传输的安全性。

安全协议是以密码学为基础的消息交换协议,其目的是在网络环境中提供各种安全服务。密码学是网络安全的基础,但网络安全不能单纯依靠安全的密码算法。安全协议是网络安全的一个重要组成部分,我们需要通过安全协议进行实体之间的认证、在实体之间安全地分配密钥或其他各种秘密、确认发送和接收的消息的非否认性等。安全协议是建立在密码体制基础上的一种交互通信协议,它运用密码算法和协议逻辑来实现认证和密钥分配等目标。

网络安全协议是一组协议的统称,由多个协议组成,按功能来分可以分为认证协议、密钥管理协议、防否认协议和信息安全交换协议。认证协议包含了消息认证、源认证、身份认证等功能;密钥管理协议包含密钥分配、密钥交换、密钥更新、密钥共享等功能;防否认协议包括了数字签名、数字证书、数字指纹等功能;信息安全交换协议包括 IPsec,S-HTTP 等。

按照网络体系结构的层次来分类的话,可以分为如下四类:①数据链路层安全协议即 PPTP,L2TP;②网络层安全协议,即 IPSec;③传输层安全协议,即 SSL;④应用层安全协议,即 S-HTTP,SSH,SET。

(一)IPSec 协议

互联网安全协议(Internet Protocol Security,IPsec)是一个协议包,透过对 IP 协议的分组进行加密和认证来保护 IP 协议的网络传输协议簇(一些相互关联的协议的集合),IPSec 可提供端到端的安全性机制,可在网络层上对数据包进行安全处理;可在路由器、防火墙、主机和通信链路上配置,实现端到端的安全、虚拟专用网络和安全隧道技术等。IPSec 对终端用户和应用是透明的,提供了一种一般性的解决方案。

由于所有支持 TCP/IP 协议的主机进行通信时,都要经过 IP 层的处理,所以提供了 IP 层的安全性就相当于为整个网络提供了安全通信的基础。IPSec 最初是为 IPv6 而设计的,鉴于 IPv4 的应用仍然很广泛,所以后来在 IPSec 的制定中也增添了对 IPv4 的支持。

IPSec 提供了两种安全机制:认证(采用 IPSec 的 AH)和加密(采用 IPSec 的 ESP)。IPSec 主要功能为加密和认证,为了进行加密和认证,IPSec 还需要有密钥的管理和交换的功能,以便为加密和认证提供所需要的密钥并对密钥的使用进行管理。以上三方面的工作分别由 AH,ESP 和 IKE(Internet Key Exchange,Internet 密钥交换)三个协议规定。

认证头(AH),为 IP 数据报提供无连接数据完整性、消息认证以及防重放攻击保护;封装安全载荷(ESP),提供机密性、数据源认证、无连接完整性、防重放和有限的传输流(Traffic-Flow)机密性;安全关联(SA)是指安全服务与它服务的载体之间的一个"连接"。AH 和 ESP 都需要使用 SA,IKE 的主要功能就是 SA 的建立和维护。

IPSec 的工作原理类似于包过滤防火墙,可以看作是对包过滤防火墙的一种扩展。当接收到一个 IP 数据包时,包过滤防火墙使用其头部在一个规则表中进行匹配。当找到一个相匹配的规则时,包过滤防火墙就按照该规则制定的方法对接收到的 IP 数据包进行处理。这里的处理工作只有两种:丢弃或转发。IPSec 通过查询 SPD(Security Policy Database 安全策略数据库)决定对接收到的 IP 数据包的处理。但是 IPSec 不同于包过滤防火墙的是,对 IP 数据包的处理方法除了丢弃,直接转发(绕过 IPSec)外,还有一种,即进行 IPSec 处理。正是这新增添的处理方法提供了比包过滤防火墙更进一步的网络安全性。进行 IPSec 处理意味着对 IP 数据包进行加密和认证。包过滤防火墙只能控制来自或去往某个站点的 IP 数据包的通过，可以拒绝来自某个外部站点的 IP 数据包访问内部某些站点，也可以拒绝某个内部站点对某些外部网站的访问。但是包过滤防火墙不能保证自内部网络出去的数据包不被截取，也不能保证进入内部网络的数据包未经过篡改。只有在对 IP 数据包实施了加密和认证后，才能保证在外部网络传输的数据包的机密性、真实性、完整性，通过 Internet 进行安全的通信才成为可能。IPSec 既可以只对 IP 数据包进行加密，或只进行认证，也可以同时实施二者。

（二）安全套接层协议（SSL）

由 Netscape 公司提出的安全交易协议，提供加密、认证服务和报文的完整性，用以保障在 Internet 上数据传输之安全，利用数据加密（Encryption）技术，可确保数据在网络的传输过程中不会被截取及窃听。

SSL 协议位于 TCP/IP 协议与各种应用层协议之间，为数据通信提供安全支持。SSL 协议可分为两层：SSL 记录协议（SSL Record Protocol），它建立在可靠的传输协议（如 TCP）之上，为高层协议提供数据封装、压缩、加密等基本功能的支持；SSL 握手协议（SSL Hand－shake Protocol），它建立在 SSL 记录协议之上，用于在实际的数据传输开始前，通信双方进行身份认证、协商加密算法、交换加密密钥等。

SSL 通过采用机密性、数据完整性、服务器鉴别和客户机鉴别来强化 TCP，经常用于为发生在 HTTP 之上的事务提供安全性。SSL 具有三个阶段：握手、密钥导出和数据传输。

握手分为三步骤：第一，创建一条 TCP 连接；第二，验证接收方的真实身份（一般是接收方用自己的 CA 证书进行响应）；第三，发送给接收方一个主密钥，该主密钥是发送方和接收方用来生成 SSL 会话所需的所有对称密钥。

关于密钥导出，原则上说，主密钥能够用于所有后继加密和数据完整性检查。不过使用不同密码密钥，通常认为更为安全。一般生成以下四个密钥：

①EB＝用于发送方发送到接收方数据的会话加密密钥；

②MB＝用于发送方发送到接收方数据的会话 MAC 密钥；

③EA＝用于接收方发送到发送方数据的会话加密密钥；

④MA＝用于接收方发送到发送方数据的会话 MAC 密钥。

关于数据传输，因为 TCP 是一种字节流协议，一种自然的方法是对 SSL 在传输中加密应用数据，然后将加密的数据在传输中传给 TCP。SSL 将数据流分割成记录，为了完整性检查对每个记录附加一个 MAC，然后加密该"记录＋MAC"。另外介绍下 SSL 记录格式，该记录包含类型字段、版本字段、长度字段、数据字段和 MAC 字段组成，其中前三个字段是不加密的，类型字段是用来指出握手报文还是包含应用数据的报文，也能用于关闭 SSL 连接。

（三）安全电子交易协议（SET，Secure Electronic Transaction）

电子商务在提供机遇和便利的同时，也面临着一个最大的挑战，即交易的安全问题。在网上购物的环境中，持卡人希望在交易中保密自己的账户信息，使之不被人盗用；商家则希望客户的订单不可抵赖，并且，在交易过程中，交易各方都希望验明其他方的身份，以防止被欺骗。针对这种情况，由美国 Visa 和 MasterCard 两大信用卡组织联合国际上多家科技机构，共同制定了应用于 Internet 上的以银行卡为基础进行在线交易的安全标准，这就是"安全电子交易"(Secure Electronic Transaction，简称 SET)。它采用公钥密码体制和 X.509 数字证书标准，主要应用于保障网上购物信息的安全性。

SET 协议是 B2C 上基于信用卡支付模式而设计的，它涵盖了信用卡在电子商务交易中的交易协定、信息保密、资料完整及数据认证、数据签名等。SET 保证了开放网络上使用信用卡进行在线购物的安全。由于 SET 提供了消费者、商家和银行之间的认证，确保了交易数据的安全性、完整可靠性和交易的不可否认性，特别是保证不将消费者银行卡号暴露给商家等优点，所以它成了目前公认的信用卡/借记卡的网上交易的国际安全标准。

工作原理：持卡人将消息摘要用私钥加密得到数字签名，随机产生一对称密钥，用它对消息摘要、数字签名与证书（含客户的公钥）进行加密，组成加密信息，接着将这个对称密钥用商家的公钥加密得到数字信封；当商家收到客户传来的加密信息与数字信封后，用他的私钥解密数字信封得到对称密钥，再用它对加密信息解密，接着验证数字签名，即用客户的公钥对数字签名解密，得到消息摘要，再与消息摘要对照；认证完毕，商家与客户即可用对称密钥对信息加密传送。

SET 协议为电子交易提供了许多保证安全的措施。它能保证电子交易的机密性、数据完整性、交易行为的不可否认性和身份的合法性。SET 协议设计的证书中包括：银行证书及发卡机构证书、支付网关证书和商家证书。

1.保证客户交易信息的保密性和完整性

SET 协议采用了双重签名技术对 SET 交易过程中消费者的支付信息和订单信息分别签名，使得商家看不到支付信息，只能接收用户的订单信息；而金融机构看不到交易内容，只能接收到用户支付信息和账户信息，从而充分保证了消费者账户和定购信息的安全性。

2.确保商家和客户交易行为的不可否认性

SET 协议的重点就是确保商家和客户的身份认证和交易行为的不可否认性。其理论基础就是不可否认机制，采用的核心技术包括 X.509 电子证书标准，数字签名，报文摘要，双重签名等技术。

3.确保商家和客户的合法性

SET 协议使用数字证书对交易各方的合法性进行验证。通过数字证书的验证，可以确保交易中的商家和客户都是合法的，可信赖的。

SET 交易过程中要对商家，客户，支付网关等交易各方进行身份认证，因此它的交易过程相对复杂。其过程如下：①客户在网上商店看中商品后，和商家进行磋商，然后发出请求购买信息。②商家要求客户用电子钱包付款。③电子钱包提示客户输入口令后与商家交换握手信息，确认商家和客户两端均合法。④客户的电子钱包形成一个包含订购信息与支付指令的报文发送给商家。⑤商家将含有客户支付指令的信息发送给支付网关。⑥支付网关在确认客户信用卡信息之后，向商家发送一个授权响应的报文。⑦商家向客户的电子钱包发送一个确认信息。⑧将款项从客户账号转到商家账号,然后向顾客送货,交易结束。

第三节　防火墙技术

一、防火墙的概念

防火墙是一种网络安全保障手段,是用来阻挡外部不安全因素影响的内部网络屏障,其主要目标就是通过控制入、出一个网络的权限,并迫使所有的连接都经过这样的检查,防止外部网络用户未经授权的访问,防止需要保护的网络遭到外界因素的干扰和破坏。防火墙是一种计算机硬件和软件的结合,使 Internet 与 Internet 之间建立起一个安全网关(Security Gateway),从而保护内部网免受非法用户的侵入。在逻辑上,防火墙是一个分离器,一个限制器,也是一个分析器,有效地监视了内部网络和 Internet 之间的任何活动,保证了内部网络地安全;在物理实现上,防火墙是位于网络特殊位置的一组硬件设备路由器、计算机或其他特制的硬件设备。防火墙可以是独立的系统,也可以在一个进行网络互联的路由器上实现防火墙。用防火墙来实现网络安全必须考虑防火墙的网络拓扑结构。

二、防火墙的类型

从实现原理上来划分,防火墙的技术包括四大类:网络级防火墙(也叫包过滤型防火墙)、应用级网关、电路级网关和规则检查防火墙。它们之间各有所长,具体使用哪一种或是否混合使用,要看具体需要。

(一)网络级防火墙

一般是基于源地址和目的地址、应用、协议以及每个 IP 包的端口来做出通过与否的判断。一个路由器便是一个"传统"的网络级防火墙,大多数的路由器都能通过检查这些信息来决定是否将所收到的包转发,但它不能判断出一个 IP 包来自何方,去向何处。防火墙检查每一条规则直至发现包中的信息与某规则相符。如果没有一条规则能符合,防火墙就会使用默认规则,一般情况下,默认规则就是要求防火墙丢弃该包。其次,通过定义基于 TCP 或 UDP 数据包的端口号,防火墙能够判断是否允许建立特定的连接,如 Telnet、FTP 连接。

(二)应用级网关

应用级网关能够检查进出的数据包,通过网关复制传递数据,防止在受信任服务器和客户机与不受信任的主机间直接建立联系。应用级网关能够理解应用层上的协议,能够做复杂一些的访问控制,并做精细的注册和稽核。它针对特别的网络应用服务协议即数据过滤协议,并且能够对数据包分析并形成相关的报告。应用网关对某些易于登录和控制所有输出、输入的通信的环境给予严格的控制,以防有价值的程序和数据被窃取。在实际工作中,应用网关一般由专用工作站系统来完成。但每一种协议需要相应的代理软件,使用时工作量大,效率不如网络级防火墙。应用级网关有较好的访问控制,是最安全的防火墙技术,但实现困难,而且有的应用级网关缺乏"透明度"。在实际使用中,用户在受信任的网络上通过防火墙访问 Internet 时,经常会发现存在延迟并且必须进行多次登录(Login)才能访问 Internet 或 Intranet。

(三)电路级网关

电路级网关用来监控受信任的客户或服务器与不受信任的主机间的 TCP 握手信息,这样来决定该会话(Session)是否合法,电路级网关是在 OSI 模型中会话层上来过滤数据包,这样比包过滤防火墙要高两层。电路级网关还提供一个重要的安全功能:代理服务器(Proxy Server)。代理服务器是设置在 Internet 防火墙网关的专用应用级代码。这种代理服务准许网管员允许或拒绝特定的应用程序或一个应用的特定功能。包过滤技术和应用网关是通过特定的逻辑判断来决定是否允许特定的数据包通过,一旦判断条件满足,防火墙内部网络的结构和运行状态便"暴露"在外来用户面前,这就引入了代理服务的概念,即防火墙内外计算机系统应用层的"链接"由两个终止于代理服务的"链接"来实现,这就成功地实现了防火墙内外计算机系统的隔离。同时,代理服务还可用于实施较强的数据流监控、过滤、记录和报告等功能。代理服务技术主要通过专用计算机硬件(如工作站)来承担。

(四)规则检查防火墙

该防火墙结合了包过滤防火墙、电路级网关和应用级网关的特点。它同包过滤防火墙一样,规则检查防火墙能够在 OSI 网络层上通过 IP 地址和端口号,过滤进出的数据包。它也像电路级网关一样,能够检查 SYN 和 ACK 标记和序列数字是否逻辑有序。当然它也像应用级网关一样,可以在 OSI 应用层上检查数据包的内容,查看这些内容是否能符合企业网络的安全规则。规则检查防火墙虽然集成前三者的特点,但是不同于一个应用级网关的是,它并不打破客户机/服务器模式来分析应用层的数据,它允许受信任的客户机和不受信任的主机建立直接连接。规则检查防火墙不依靠与应用层有关的代理,而是依靠某种算法来识别进出的应用层数据,这些算法通过已知合法数据包的模式来比较进出数据包,这样从理论上就能比应用级代理在过滤数据包上更有效。

三、防火墙的体系结构

(一)双重宿主主机体系结构

双重宿主主机是一种防火墙,这种防火墙主要有 2 个接口,分别连接着内部网络和外部网络,位于内外网络之间,阻止内外网络之间的 IP 通信,禁止一个网络将数据包发往另一个网络。两个网络之间的通信通过应用层数据共享和应用层代理服务的方法来实现,一般情况下都会在上面使用代理服务器,内网计算机想要访问外网的时候,必须先经过代理服务器的验证。这种体系结构是存在漏洞的,比如双重宿主主机是整个网络的屏障,一旦被黑客攻破,那么内部网络就会对攻击者敞开大门,所以一般双重宿主主机会要求有强大的身份验证系统来阻止外部非法登陆的可能性。

(二)屏蔽主机体系结构

防火墙由一台过滤路由器和一台堡垒主机构成,防火墙会强迫所有外部网络对内部网络的连接全部通过包过滤路由器和堡垒主机,堡垒主机就相当于是一个代理服务器,也就是说,包过滤路由器提供了网络层和传输层的安全,堡垒主机提供了应用层的安全,路由器的安全配置使得外网系统只能访问到堡垒主机,这个过程中,包过滤路由器是否正确配置和路由表是否受到安全保护是这个体系安全程度的关键,如果路由表被更改,指向堡垒主机的路由记录被删除,那么外部入侵者就可以直接连入内网。

(三)屏蔽子网体系结构

这是最安全的防火墙体系结构,由两个包过滤路由器和一个堡垒主机构成,与屏蔽主机体系结构相比,它多了一层防护体系,就是周边网络,周边网络相当于是一个防护层介于外网和内网之间,周边网络内经常放置堡垒主机和对外开放的应用服务器,比如 Web 服务器。屏蔽子网体系结构的防火墙称为 DMZ,通过 DMZ 网络直接进行信息传输是被严格禁止的,外网路由器负责管理外部网到 DMZ 网络的访问,为了保护内部网的主机,DMZ 只允许外部网络访问堡垒主机和应用服务器,把入站的数据包路由到堡垒主机。不允许外部网络访问内网。内部路由器可以保护内部网络不受外部网络和周边网络侵害,内部路由器只允许内部网络访问堡垒主机,然后通过堡垒主机的代理服务器来访问外网。外部路由器在 DMZ 向外网的方向只接受由堡垒主机向外网的连接请求。在屏蔽子网体系结构中,堡垒主机位于周边网络,为整个防御系统的核心,堡垒主机运行应用级网关,比如各种代理服务器程序,如果堡垒主机遭到了入侵,那么有内部路由器的保护,可以使得其不能进入内部网络。

四、防火墙技术

防火墙的核心技术是包过滤,其技术依据是网络中的分包传输技术。网络上的数据都是以"包"为单位进行传输的,数据被分割成为一定大小的数据包,每一个数据包中都会包含一些特定信息,如数据的源地址、目标地址、TCP/UDP 源端口和目标端口等。防火墙通过读取数据包中的地址信息来判断这些"包"是否来自可信任的安全站点,一旦发现来自危险站点的数据包,防火墙便会将这些数据拒之门外。系统管理员也可以根据实际情况灵活制定判断规则。包过滤技术的优点是简单实用,实现成本较低,在应用环境比较简单的情况下,能够以较小的代价在一定程度上保证系统的安全。但包过滤技术的缺陷也是明显的。包过滤技术是一种完全基于网络层的安全技术,只能根据数据包的来源、目标和端口等网络信息进行判断,无法识别基于应用层的恶意侵入,如恶意的 Java 小程序以及电子邮件中附带的病毒。有经验的黑客很容易伪造 IP 地址,骗过包过滤型防火墙。

早期包过滤防火墙采取的是"逐包检测"机制,即对设备收到的所有报文都根据包过滤规则每次都进行检查以决定是否对该报文放行。这种机制严重影响了设备转发效率,使包过滤防火墙成为网络中的转发瓶颈。于是越来越多的防火墙产品采用了"状态检测"机制来进行包过滤。"状态检测"机制以流量为单位来对报文进行检测和转发,即对一条流量的第一个报文进行包过滤规则检查,并将判断结果作为该条流量的"状态"记录下来。对于该流量的后续报文都直接根据这个"状态"来判断是转发还是丢弃,而不会再次检查报文的数据内容。这个"状态"就是我们平常所述的会话表项。这种机制迅速提升了防火墙产品的检测速率和转发效率,已经成为目前主流的包过滤机制。

防火墙一般是检查 IP 报文中的五个元素,又称为"五元组",即源 IP 地址和目的 IP 地址,源端口号和目的端口号,协议类型。通过判断 IP 数据报文的五元组,就可以判断一条数据流相同的 IP 数据报文。其中 TCP 协议的数据报文,一般情况下在三次握手阶段除了基于五元组外,还会计算及检查其他字段。三次握手建立成功后,就通过会话表中的五元组对设备收到后续报文进行匹配检测,以确定是否允许此报文通过。

对于防火墙来说,定义一个完善的安全过滤规则是非常重要的。通常,过滤规则以表格的形式表示,其中包括以某种次序排列的条件和动作序列。每当收到一个包时,则按照从前至后的顺序与表格中每行的条件比较,直到满足某一行的条件,然后执行相应的动作(转发或舍弃)。有些数据包过滤在实现时,"动作"这一项还询问,若包被丢弃是否要通知发送者(通过发 ICMP 信息),并能以管理员指定的顺序进行条件比较,直至找到满足的条件。

第四节　计算机病毒及其防范

一、计算机病毒简介

计算机病毒(Computer Virus)是编制者在计算机程序中插入的破坏计算机功能或者数据的代码,能影响计算机使用,能自我复制的一组计算机指令或者程序代码。

计算机病毒是一个程序,一段可执行码。就像生物病毒一样,具有自我繁殖、互相传染以及激活再生等生物病毒特征。计算机病毒有独特的复制能力,它们能够快速蔓延,又常常难以根除。它们能把自身附着在各种类型的文件上,当文件被复制或从一个用户传送到另一个用户时,它们就随同文件一起蔓延开来。

计算机病毒具有繁殖性、破坏性、传染性、潜伏性、隐蔽性、可触发性等特征。

繁殖性:计算机病毒可以像生物病毒一样进行繁殖,当正常程序运行时,它也进行自身复制。是否具有繁殖、感染的特征是判断某段程序为计算机病毒的首要条件。

破坏性:计算机中毒后,可能会导致正常的程序无法运行,把计算机内的文件删除或受到不同程度的损坏。破坏引导扇区及 BIOS,硬件环境破坏。

传染性:计算机病毒传染性是指计算机病毒通过修改别的程序将自身的复制品或其变体传染到其他无毒的对象上,这些对象可以是一个程序也可以是系统中的某一个部件。

潜伏性:计算机病毒潜伏性是指计算机病毒可以依附于其他媒体寄生的能力,侵入后的病毒潜伏到条件成熟才发作,会使电脑变慢。

隐蔽性:计算机病毒具有很强的隐蔽性,可以通过病毒软件检查出来少数,隐蔽性计算机病毒时隐时现、变化无常,这类病毒处理起来非常困难。

可触发性:编制计算机病毒的人,一般都为病毒程序设定了一些触发条件,如系统时钟的某个时间或日期、系统运行了某些程序等。一旦条件满足,计算机病毒就会"发作",使系统遭到破坏。

二、计算机病毒的分类

计算机病毒按传染方式可分为系统引导病毒、文件型病毒、复合型病毒、宏病毒等。

（一）系统引导病毒

系统引导病毒又称引导区型病毒。直到 20 世纪 90 年代中期，引导区型病毒是最流行的病毒类型，主要通过软盘在 DOS 操作系统里传播。引导区型病毒感染软盘中的引导区，蔓延到用户硬盘，并能感染到用户硬盘中的"主引导记录"。一旦硬盘中的引导区被病毒感染，病毒就试图感染每一个插入计算机的软盘的引导区。

（二）文件型病毒

文件型病毒是文件侵染者，也被称为寄生病毒。它运作在计算机存储器里，通常它感染扩展名为 COM、EXE、DRV、BIN、OVL、SYS 等文件。每一次它们激活时，感染文件把自身复制到其他文件中，并能在存储器里保存很长时间，直到病毒又被激活，如 CIH 病毒。

（三）复合型病毒

复合型病毒有引导区型病毒和文件型病毒两者的特征，因此扩大了传染途径。

（四）宏病毒

宏病毒一般是寄存在 Microsoft Office 文档上的宏代码。它影响对文档的各种操作，如打开、存储、关闭或清除等。当打开 Office 文档时，宏病毒程序就会被执行，即宏病毒处于活动状态，当触发条件满足时，宏病毒才开始传染、表现和破坏。

计算机病毒按破坏性可分为良性病毒和恶性病毒。良性病毒不会对计算机产生恶意的破坏，只是显示某一句话炫耀技巧，恶性病毒则对计算机产生恶意的破坏，目前大多数病毒都是恶性病毒。

三、网络病毒的防范

早期的计算机病毒主要通过磁盘传播，其影响范围有限，难以大规模扩散，随着计算机网络的快速发展，网络成了病毒传播的新途径。网络交流的便捷和高效，使得病毒利用网络进行传播比磁盘传播更加快速，范围更加广泛，危害也更加巨大。往往一个新病毒诞生不久就会出现大规模感染，比如前几年的勒索病毒，在校园网中传播甚广。往往一台机器中了病毒，会使得整个当地局域网都受到传染，清除起来非常困难。

网络病毒一般会试图通过以下四种不同的方式进行传播。

邮件附件：病毒经常会附在邮件的附件里，然后起一个吸引人的名字，诱惑人们去打开附件，一旦人们执行之后，机器就会染上附件中所附的病毒。

E-mail：有些蠕虫病毒会利用在 Microsoft Security Bulletin 在 MSO1-020 中讨论过的安全漏洞将自身藏在邮件中，并向其他用户发送一个病毒副本来进行传播。正如在公告中所描述的那样，该漏洞存在于 Internet Explorer 之中，但是可以通过 E-mail 来利用。只需简单地打开邮件就会使机器感染上病毒并不需要您打开邮件附件。

Web 服务器：有些网络病毒攻击 IS4.0 和 5.0 Web 服务器。就拿"尼姆达病毒"来举例说明吧,它主要通过两种手段来进行攻击:第一,它检查计算机是否已经被红色代码Ⅱ病毒所破坏,因为红色代码Ⅱ病毒会创建一个"后门",任何恶意用户都可以利用这个"后门"获得对系统的控制权,如果 Nimda 病毒发现了这样的机器,它会简单地使用红色代码Ⅱ病毒留下的后门来感染机器;第二,病毒会试图利用"Web Server Folder Traversal"漏洞来感染机器,如果它成功地找到了这个漏洞,病毒会使用它来感染系统。

文件共享:病毒传播的最后一种手段是通过文件共享来进行传播。Windows 系统可以被配置成允许其他用户读写系统中的文件。允许所有人访问您的文件会导致很糟糕的安全性,而且默认情况下,Windows 系统仅仅允许授权用户访问系统中的文件。然而,如果病毒发现系统被配置为其他用户可以在系统中创建文件,它会在其中添加文件来传播病毒。

(一)网络病毒的传播特点

1.感染速度快

在单机环境下,病毒只能通过移动介质,比如 U 盘由一台计算机传染到另一台计算机,在网络上可以进行迅速扩散。网络情况越好,机器性能越高的情况下,越容易快速传播。一旦某种病毒感染一台计算机,这台计算机立即成为新的毒源,呈几何上升。

2.扩散面广

由于第一点所说的传播速度非常快,所以相应的传播范围也相应地放大,不但能传染局域网内的所有计算机,还可以通过远程工作站或者笔记本电脑传播到其他网络,甚至千里之外。传播的形式复杂多样。

3.针对性强

网络病毒并非一定对网络上所有计算机都进行感染与攻击,而是具有某种针对性。例如,有的网络病毒只能感染 IBM PC,有的却只能感染 Macintosh 计算机,有的病毒则专门感染使用 Unix 操作系统的计算机。

4.难以控制和彻底清除

单机上的计算机病毒可以通过删除文件、格式化硬盘等方式将病毒彻底清除,而网络不同,网络中只要有一台工作站没有清除干净的话,就可以使整个网络重新带毒。甚至刚刚完成一台清除工作的工作站,就有可能被另一台带毒工作站感染,或者一边清理一边感染。因此,只对工作站进行病毒查杀,并不能解决病毒对网络的危害。

5.破坏性大

网络上的病毒将直接影响网络的工作,轻则降低速度,影响工作效率,重则使网络崩溃,破坏服务器信息,使多年的工作毁于一旦。某些企业和部门还有机密信息丢失的危险。受感染的计算机往往被迫断开网络连接进行单机杀毒,影响工作。

6.可激发性

网络病毒激发条件多种多样,通常可以是内部时钟、系统日期、用户名,也可以是网络的一次通信,或者网络中的一个特殊标志,由于网络的扩展性,病毒可以按照病毒设计者的要求,在任意时刻、任意位置激发并发起攻击。

7.潜在性

网络一旦感染病毒,即使病毒已经清除,其潜在危险也是巨大的,根据统计,病毒在网络中被清除以后,85％的网络在30天内会再次感染,原因是网络上用户众多,一次清理并不能保证所有用户的所有存储介质清除干净,比如私人使用的光盘、U盘等。用户再次使用它们的时候,就会导致重复感染。

8.具有蠕虫和黑客程序的功能

计算机病毒的编制技术随着网络技术的发展也在不断变化和提高。过去的病毒最大特点是能够复制给其他程序,现在病毒还具有黑客程序的功能,一旦入侵计算机系统后,病毒控制者可能从入侵的系统中窃取信息,远程控制这些系统。

(二)网络病毒的防范

①不点击不明的网址或邮件、不扫描来历不明的二维码。较多木马是通过网址链接、二维码或邮件传播,当收到来历不明的邮件时,也不要随便打开,应尽快删除。智能客户端不要随意扫描未经认证的二维码。②不下载非官方提供的软件。如需下载必须常备软件,最好找一些知名的网站下载,而且不要下载和运行来历不明的软件。在安装软件前最好用杀毒软件查看有没有病毒再进行安装。③及时给操作系统打官方补丁包进行漏洞修复,只开常用端口。一般木马是通过漏洞在系统上打开端口留下后门,以便上传木马文件和执行代码,在把漏洞修复上的同时,需要对端口进行检查,把可疑的端口关闭,确保病毒无法传播。④使用杀毒软件。在网上浏览时,最好运行反病毒实时监控查杀病毒程序和个人防火墙,并定时对系统进行病毒检查。还要经常升级系统和更新病毒库,注意关注关于网络安全的相关新闻公告等,提前做好预案防范病毒有效措施。

(三)网络反病毒措施

1.服务器防病毒措施

如果服务器被病毒感染,其感染文件将成为病毒感染的源头,目前基于服务器的网络反毒系统提供实时扫描病毒能力,能够全天24 h实时扫描监控网络中是否有带毒文件进入服务器,集中扫描检查服务器中的所有文件是否有病毒。

2.工作站扫描

集中扫描检查服务器中的文件是否带病毒并不能保证工作站的硬盘不染病毒,所以在服务器安装防病毒软件的同时,还要在上网工作站内存中植入一个常驻扫描程序,实时检查在工作站中运行的程序。

3.在工作站上安装反病毒软件

扫描病毒的负担由分布在网络中的所有计算机分组,不会引起网络性能的下降,也不需要添加设备,但问题是反病毒软件必须是网络系统的一部分,需要统一更新和自动协调运作以防止不一致性,这对于小型的局域网问题不大,但对于广域网通常就很困难。

4.在电子邮件服务器安装反病毒软件

由于所有邮件信息都进入该服务器并在箱内归档,然后再发送出去,所以这对于防止通过邮件传播的病毒十分有效。

5．在所有文件服务器安装反病毒软件

这样可以保证网络系统中最重要部分的安全，即使个别工作站被病毒破坏也不至于影响太大。

四、反病毒基础知识

计算机病毒的传播渠道广泛，而且病毒一般都具有伪装性、欺骗性，用户就算再谨慎也无法保证不会中毒，特别是网络病毒往往会利用计算机系统的一些安全漏洞进行传播。由于漏洞公开到厂家发布安全补丁有一个时间差，某些病毒就会利用这个时间差大规模传播，这是用户无法防范的。所以对于用户来讲，安装反病毒软件是必不可少的，针对病毒进行查杀的反病毒软件也出现了很长时间，从最初的简单查杀到后来可以实时监控，反病毒技术也在不断发展。但是对于病毒的检测基本都是通过搜索特征码来进行的，即对于发现的病毒进行分析，找到其独特的一串二进制序列，作为病毒的特征，查杀时对系统中文件进行扫描，如果文件中存在这个序列，就认为感染了该病毒，这种方法存在查杀速度慢的问题，因为每个文件要和病毒库中的上千个病毒特征码比对，效率很低，而且存在着误报的可能。有些病毒可以将自身压缩、加密，也可以避开杀毒软件的检测。现在的反病毒软件都是常驻计算机后台，进行实时监控，用户打开网页、下载文件或者插入 U 盘时，反病毒软件都会进行扫描，判断新的数据里是否存在病毒，这样可以从源头切断病毒对本机的感染；反病毒软件还可以对系统文件进行保护，一旦有程序试图修改系统文件，反病毒软件就会告警，保证操作系统不受破坏，缺点是常驻需要消耗一定的计算机资源。

从反病毒软件对计算机病毒的作用来讲，防毒技术可以直观地分为：病毒预防技术、病毒检测技术及病毒清除技术。

（一）病毒预防技术

计算机病毒的预防技术就是通过一定的技术手段防止计算机病毒对系统的传染和破坏。实际上这是一种动态判定技术，即一种行为规则判定技术。也就是说，计算机病毒的预防是采用对病毒的规则进行分类处理，而后在程序运作中凡有类似的规则出现则认定是计算机病毒。具体来说，计算机病毒的预防是通过阻止计算机病毒进入系统内存或阻止计算机病毒对磁盘的操作，尤其是写操作。预防病毒技术包括：磁盘引导区保护、加密可执行程序、读写控制技术、系统监控技术等。例如，大家所熟悉的防病毒卡，其主要功能是对磁盘提供写保护，监视在计算机和驱动器之间产生的信号，以及可能造成危害的写命令，并且判断磁盘当前所处的状态：哪一个磁盘将要进行写操作，是否正在进行写操作，磁盘是否处于写保护等，来确定病毒是否将要发作。计算机病毒的预防应用包括对已知病毒的预防和对未知病毒的预防两个部分。目前，对已知病毒的预防可以采用特征判定技术或静态判定技术，而对未知病毒的预防则是一种行为规则的判定技术，即动态判定技术。

（二）病毒检测技术

计算机病毒的检测技术是指通过一定的技术手段判定出特定计算机病毒的一种技术。它有两种：一种是根据计算机病毒的关键字、特征程序段内容、病毒特征及传染方式、文件长度的变化,在特征分类的基础上建立的病毒检测技术;另一种是不针对具体病毒程序的自身校验技术,即对某个文件或数据段进行检验和计算并保存其结果,以后定期或不定期地以保存的结果对该文件或数据段进行检验,若出现差异,即表示该文件或数据段完整性已遭到破坏,感染上了病毒,从而检测到病毒的存在。

(三)病毒清除技术

计算机病毒的清除技术是计算机病毒检测技术发展的必然结果,是计算机病毒传染程序的一种逆过程。目前,清除病毒大都是在某种病毒出现后,通过对其进行分析研究而研制出来的具有相应解毒功能的软件。这类软件技术发展往往是被动的,带有滞后性。而且由于计算机软件所要求的精确性,解毒软件有其局限性,对有些变种病毒的清除无能为力。

第五节　入侵检测技术

一、入侵检测系统概述

入侵检测系统(Intrusion Detection System,简称"IDS")是一种对网络传输进行即时监视,在发现可疑传输时发出警报或者采取主动反应措施的网络安全设备。它与其他网络安全设备的不同之处便在于,IDS 是一种积极主动的安全防护技术。入侵检测是防火墙的合理补充,帮助系统对付网络攻击,扩展了系统管理员的安全管理能力(包括安全审计、监视、进攻识别和响应),提高了信息安全基础结构的完整性。它从计算机网络系统中的若干关键点收集信息,并分析这些信息,看看网络中是否有违反安全策略的行为和遭到袭击的迹象。入侵检测被认为是防火墙之后的第二道安全闸门,在不影响网络性能的情况下能对网络进行监测,从而提供对内部攻击、外部攻击和误操作的实时保护。这些都通过它执行以下任务来实现:①监视、分析用户及系统活动;②系统构造和弱点的审计;③识别反映已知进攻的活动模式并向相关人士报警;④异常行为模式的统计分析;⑤评估重要系统和数据文件的完整性;⑥操作系统的审计跟踪管理,并识别用户违反安全策略的行为。

二、入侵检测一般步骤

(一)信息收集

入侵检测的第一步是信息收集,内容包括系统、网络、数据及用户活动的状态和行为。而且,需要在计算机网络系统中的若干不同关键点(不同网段和不同主机)收集信息这除了尽可能扩大检测范围的因素外,还有一个重要的因素就是从一个源来的信息有可能看不出疑点,但从几个源来的信息的不一致性却是可疑行为或入侵的最好标识。

当然,入侵检测很大程度上依赖于收集信息的可靠性和正确性,因此,很有必要只利用所知道的真正的和精确的软件来报告这些信息。因为黑客经常替换软件以搞混和移走这些信息,例如替换被程序调用的子程序、库和其他工具。这需要保证用来检测网络系统的软件的完整性,特别是入侵检测系统软件本身应具有相当强的坚固性,防止被篡改而收集到错误的信息。

入侵检测利用的信息一般来自以下四个方面。

1. 系统和网络日志文件

黑客经常在系统日志文件中留下他们的踪迹,因此,充分利用系统和网络日志文件信息是检测入侵的必要条件。日志中包含发生在系统和网络上的不寻常和不期望活动的证据,这些证据可以指出有人正在入侵或已成功入侵了系统。通过查看日志文件,能够发现成功的入侵或入侵企图,并很快地启动相应的应急响应程序。日志文件中记录了各种行为类型,每种类型又包含不同的信息,例如记录"用户活动"类型的日志,就包含登录、用户 ID 改变、用户对文件的访问、授权和认证信息等内容。很显然地,对用户活动来讲,不正常的或不期望的行为就是重复登录失败、登录到不期望的位置以及非授权的企图访问重要文件等。

2. 目录和文件中的不期望的改变

网络环境中的文件系统包含很多软件和数据文件,包含重要信息的文件和私有数据文件经常是黑客修改或破坏的目标。目录和文件中的不期望的改变(包括修改、创建和删除),特别是那些正常情况下限制访问的,很可能就是一种入侵产生的指示和信号。黑客经常替换、修改和破坏他们获得访问权的系统上的文件,同时为了隐藏系统中他们的表现及活动痕迹,都会尽力去替换系统程序或修改系统日志文件。

3. 程序执行中的不期望行为

网络系统上的程序执行一般包括操作系统、网络服务、用户启动的程序和特定目的的应用,例如数据库服务器。每个在系统上执行的程序由一到多个进程来实现,每个进程执行在具有不同权限的环境中,这种环境控制着进程可访问的系统资源、程序和数据文件等。一个进程的执行行为由它运行时执行的操作来表现,操作执行的方式不同,它利用的系统资源也就不同。操作包括计算、文件传输、设备和其他进程,以及与网络间其他进程的通信。

一个进程出现了不期望的行为可能表明黑客正在入侵你的系统,黑客可能会将程序或服务的运行分解,从而导致它失败,或者是以非用户或管理员意图的方式操作。

4. 物理形式的入侵信息

这包括两个方面的内容,一是未授权的对网络硬件连接;二是对物理资源的未授权访问。黑客会想方设法去突破网络的周边防卫,如果他们能够在物理上访问内部网,就能安装他们自己的设备和软件。依此,黑客就可以知道网上的由用户加上去的不安全(未授权)设备,然后利用这些设备访问网络。

(二)信号分析

1. 模式匹配

模式匹配就是将收集到的信息与已知的网络入侵和系统误用模式数据库进行比较,从而发现违背安全策略的行为。该过程可以很简单(如通过字符串匹配以寻找一个简单的条目或指令),也可以很复杂(如利用正规的数学表达式来表示安全状态的变化)。一般来讲,一种进攻模式可以用一个过程(如执行一条指令)或一个输出(如获得权限)来表示。该方法的一大优点是只需收集相关的数据集合,显著减少系统负担,且技术已相当成熟。它与病毒防火墙采用的方法一样,检测准确率和效率都相当高。但是,该方法存在的弱点是需要不断地升级以对付不断出现的黑客攻击手法,不能检测到从未出现过的黑客攻击手段。

2.统计分析

统计分析方法首先给系统对象(如用户、文件、目录和设备等)创建一个统计描述,统计正常使用时的一些测量属性(如访问次数、操作失败次数和延时等)。测量属性的平均值将被用来与网络、系统的行为进行比较,任何观察值在正常值范围之外时,就认为有入侵发生。例如,统计分析可能标识一个不正常行为,因为它发现一个在晚八点至早六点不登录的账户却在凌晨两点试图登录。其优点是可检测到未知的入侵和更为复杂的入侵,缺点是误报、漏报率高,且不适应用户正常行为的突然改变。具体的统计分析方法如基于专家系统的、基于模型推理的和基于神经网络的分析方法,正处于研究热点和迅速发展之中。

3.完整性分析

完整性分析主要关注某个文件或对象是否被更改,这经常包括文件和目录的内容及属性,它在发现被更改的、被特洛伊化的应用程序方面特别有效。完整性分析利用强有力的加密机制,称为消息摘要函数(例如 MD5),它能识别哪怕是微小的变化。其优点是不管模式匹配方法和统计分析方法能否发现入侵,只要是成功的攻击导致了文件或其他对象的任何改变,它都能够发现。缺点是一般以批处理方式实现,不用于实时响应。尽管如此,完整性检测方法还应该是网络安全产品的必要手段之一。例如,可以在每一天的某个特定时间内开启完整性分析模块,对网络系统进行全面的扫描检查。

(三)入侵响应

1.主动响应

入侵检测系统的主动响应就是当一次攻击或入侵被检测到,检测系统自动做出一些动作。主动响应分成以下三类。

(1)收集相关信息

一种最基本但最花时间的主动响应就是再一次深入地收集可疑攻击和入侵的有关信息在入侵检测系统中,这种响应一般是检查一些敏感的信息源(如查看操作系统审计记录的事件,查看网络上的数据包等),收集相关信息并总结出多种可能的原因。这些相关信息可以帮助用户确定入侵事件的状态(特别是确定攻击是否成功地侵入用户的系统),这个选项也帮助调查入侵者的身份,提供入侵行为的法律证据。

(2)改变环境

另一种自动响应就是中断攻击过程和阻止攻击者的其他行动。通常,入侵检测系统没有能力阻止一个人的行为,但是它可以封闭这个人可能使用的 IP 地址。封闭一个有经验的攻击者是一件很困难的事,下面的三种方法可以阻止新手攻击者,对有经验的攻击者有一定的限制。

(3)反击攻击者

有些人认为,入侵检测系统的主动响应的第一选项应该是反击攻击者。这种响应包括反攻击者的主机或者网站,或者利用攻击方法去收集攻击者身份的信息,但在一个没有明确的法律的网络环境下,这样的措施可能有很大的风险。

第一,反攻击别的主机可能是非法的行为,此外,很多攻击者使用假的网络地址,所以反攻击很可能会伤害无辜;第二,反击攻击者有可能会把情况弄得更坏,攻击者本来只是想浏览一下用户的站点,一旦受到反攻击后,可能会采取一些其他的行动。

2.被动响应

被动响应提供攻击和入侵的相关信息,再由管理员根据所提供的信息采取适应的行动。

(1)报警和告示

当攻击被检测出来,入侵检测系统做出报警和告示通知管理员或者使用者,好的入侵检测系统一般会给出多种报警方式,一种常用的报警就是在屏幕上打出报警或者弹出报警窗口。这些报警在入侵检测系统的控制台还是其他地方显示由管理员在安装、配置的时候指定。报警信息有各种形式,简单的报警信息就是报告入侵事件发生,详细的报警信息就是报告攻击者的身份、使用的攻击工具和入侵造成的危害。

另一种报警和告示是通知给多个远程管理员和有关组织,有的入侵检测系统允许用户选择在紧急响应的时候使用的通知方式:手机或短信。

有的产品提供电子邮件的通知方式。这种通知方式不是很安全,因为,攻击者经常能监视到电子邮件系统,甚至可以阻止它。

(2)SNMP 协议通知

有的入侵检测系统提供报警和告示通知给网络管理系统。这些消息使用 SNMP 协议作出报警和告示,SNMP 协议是网络管理系统所使用的协议,所以网络管理系统的组件和管理员可以对入侵检测系统的报警信息进行操作。使用这种报警方式有很多好处,包括允许整个网络参与到入侵检测和响应过程。另一个好处就是可以很快地把入侵事件通知到入侵发起源的负责机构,让他们协助调查和处理。

很多入侵检测系统提供定期事件报告文档,有的允许用户选择要报告的期间(如一个星期、一个月等),有的还提供入侵事件的统计数据,甚至提供标准的数据库接口,让用户使用其他数据统计的软件包。

在响应的时候,健壮性能也要考虑在内。例如,入侵检测系统要求隐蔽地监视攻击者的行为。如果检测到攻击的时候,入侵检测做出的报警引起攻击者的注意,例如在网络上广播文本消息,暴露出入侵检测系统的存在,这样可能使情况变得更坏,因为攻击者可以把入侵检测系统作为它的攻击目标。

为了保证入侵检测系统的安全响应,入侵检测系统最好使用安全、加密和加以认证的通信机制。

三、入侵检测系统分类

入侵检测系统根据所采用的技术可分为特征检测与异常检测两种。

(一)特征检测

特征检测(Signature-Based Detection)又称误用检测(Misuse Detection),这一检测方法

假设入侵者活动可以用一种模式来表示,系统的目标是检测主体活动是否符合这些模式。它可以将已有的入侵方法检查出来,但对新的入侵方法无能为力,其难点在于如何设计模式既能够表达入侵行为又不会将正常的活动包含进来。

(二)异常检测

异常检测(Anomaly Detection)是假设入侵者活动异常于正常主体的活动。根据这一理念建立主体正常活动的活动模式,将当前主体的活动状况与活动模式相比较,当违反其统计规律时,认为该活动可能是入侵行为。异常检测的难题在于如何建立活动模式以及如何设计统计算法,从而不把正常的操作作为入侵或忽略真正的入侵行为入侵检测系统根据部署位置可以分为基于主机、基于网络和分布式三种。

1.基于主机

一般主要使用操作系统的审计、跟踪日志作为数据源,某些也会主动与主机系统进行交互以获得不存在于系统日志中的信息以检测入侵。这种类型的检测系统不需要额外的硬件,对网络流量不敏感,效率高,能准确定位入侵并及时进行反应,但是占用主机资源,依赖于主机的可靠性,所能检测的攻击类型受限,不能检测网络攻击。

2.基于网络

通过被动地监听网络上传输的原始流量,对获取的网络数据进行处理,从中提取有用的信息,再通过与已知攻击特征相匹配或与正常网络行为原型相比较来识别攻击事件。此类检测系统不依赖操作系统作为检测资源,可应用于不同的操作系统平台;配置简单,不需要任何特殊的审计和登录机制;可检测协议攻击、特定环境的攻击等多种攻击。但它只能监视经过本网段的活动,无法得到主机系统的实时状态,精确度较差。大部分入侵检测工具都是基于网络的入侵检测系统。

3.分布式

这种入侵检测系统一般为分布式结构,由多个部件组成,在关键主机上采用主机入侵检测,在网络关键节点上采用网络入侵检测,同时分析来自主机系统的审计日志和来自网络的数据流,判断被保护系统是否受到攻击。

第八章 下一代网络关键技术

第一节 下一代网络概述

一、下一代网络的定义

国际电信联盟(ITU)关于下一代网络(Next Generation Network,NGN)最新的定义是它是一个分组网络,它提供包括电信业务在内的多种业务,能够利用多种带宽和具有 QoS 能力的传送技术,实现业务功能与底层传送技术的分离;它提供用户对不同业务提供商网络的自由接入,并支持通用移动性,实现用户对业务使用的一致性和统一性。

可以说,下一代网络实际上是一把大伞,涉及的内容十分广泛,其含义不只限于软交换和 IP 多媒体子系统(IMS),而是涉及到网络的各个层面和部分。它是一种端到端的、演进的、融合的整体解决方案,而不是局部的改进、更新或单项技术的引入。从网络的角度来看,NGN 实际涉及了从干线网、城域网、接入网、用户驻地网到各种业务网的所有层面。NGN 包括采用软交换技术的分组化的话音网络;以智能网为核心的下一代光网络;以 MPLS、IPv6 为重点的下一代 IP 网络等。

由以上定义可以看出,NGN 需要做到以下几点:一是 NGN 一定是以分组技术为核心的;二是 NGN 一定能融合现有各种网络;三是 NGN 一定能提供多种业务,包括各种多媒体业务;四是 NGN 一定是一个可运营、可管理的网络。

二、下一代网络的组成及特点分析

(一)下一代网络的组成

现在人们比较关注 NGN 的业务层面,尤其是其交换技术,但实际上,NGN 涉及的内容十分广泛,广义的 NGN 包含了以下几个部分:下一代传送网、下一接入网、下一代交换网、下一代互联网和下一代移动网。

1. 下一代传送网

下一代传送网是以 ASON 为基础的,即自动交换光网络。其中,波分复用系统发展迅猛,得到大量商用,但是普通点到点波分复用系统只提供原始传输带宽,需要有灵活的网络节点才能实现高效的灵活组网能力。随着网络业务量继续向动态的 IP 业务量的加速汇聚,一个灵活动态的光网络基础设施是必要的,而 ASON 技术将使得光联网从静态光联网走向自动交换光网络,这将满足下一代传送网的要求,因此,ASON 将成为以后传送网发展的重要方向。

2. 下一代接入网

下一代接入网是指多元化的无缝宽带接入网。当前,接入网已经成为全网宽带化的最后瓶颈,接入网的宽带化已成为接入网发展的主要趋势。接入网的宽带化主要有以下几种解决方案:一是不断改进的 ADSL 技术及其他 DSL 技术;二是 WLAN 技术和目前备受关注的 WiMAX 技术等无线宽带接入手段;三是长远来看比较理想的光纤接入手段,特别是采用无源光网络(PON)用于宽带接入。

3. 下一代交换网

下一代交换网是指网络的控制层面采用软交换或 IMS 作为核心架构。传统电路交换网络的业务、控制和承载是紧密耦合的,这就导致了新业务开发困难,成本较高,无法适应快速变化的市场环境和多样化的用户需求。软交换首先打破了这种传统的封闭交换结构,将网络进行分层,使得业务、控制、接入和承载相互分离,从而使网络更加开放,建网灵活,网络升级容易,新业务开发简捷快速。在软交换之后 3GPP 提出的 IMS 标准引起了全球的关注,它是一个独立于接入技术的基于 IP 的标准体系,采用 SIP 协议作为呼叫控制协议,适合于提供各种 IP 多媒体业务。IMS 体系同样将网络分层,各层之间采用标准的接口来连接,相对于软交换网络,它的结构更加分布化,标准化程度更高,能够更好地支持移动终端的接入,可以提供实际运营所需要的各种能力,目前已经成为 NGN 中业务层面的核心架构。软交换和 IMS 是传统电路交换网络向 NGN 演进的两个阶段,两者将以互通的方式长期共存,从长远看,IMS 将取代软交换成为统一的融合平台。

4. 下一代互联网

NGN 是一个基于分组的网络,现在已经对采用 IP 网络作为 NGN 的承载网达成了共识,IP 化是未来网络的一个发展方向。现有互联网是以 IPv4 为基础的,下一代的互联网将是以 IPv6 为基础的。IPv4 所面临的最严重问题就是地址资源的不足,此外,在服务质量、管理灵活性和安全方面都存在着内在缺陷,因此,互联网逐渐演变成以 IPv6 为基础的下一代互联网(NGI)将是大势所趋。

5. 下一代移动网

总的来看,移动通信技术的发展思路是比较清晰的。下一代移动网将开拓新的频谱资源,最大限度实现全球统一频段、统一制式和无缝漫游,应付中高速数据和多媒体业务的市场需求以及进一步提高频谱效率,降低成本,扭转 ARPU 下降的趋势。

总之,广义的 NGN 实际上包含了几乎所有新一代网络技术,是端到端的、演进的、融合的整体解决方案。

(二)下一代网络的特点

1. 采用分层的体系架构

NGN 将网络分为用户层(包括接入层和传送层)、控制层和业务层,用户层负责将用户接入到网络之中并负责业务信息的透明传送,控制层负责对呼叫的控制,业务层负责提供各种业务逻辑,三个层面的功能相互独立,相互之间采用标准接口进行通信。NGN 的分层架构使复杂的网络结构简单化,组网更加灵活,网络升级容易;同时分层架构还使得承载、控制和业务这三个功能相互分离,这就使得业务能够真正地独立于下层网络,为快速、灵活、有效地提供新业务创造了有利环境,便于第三方业务的快速部署实施。

2. 基于分组技术

NGN 的定义中明确说明 NGN 将是一个基于分组的网络,即采用分组交换作为统一的业务承载方式。NGN 是以分组技术为基础的电信网络,在网络层以下将以分组交换为基础构建,其网络对信令和媒体均采用基于分组的传输模式。过去业界对 NGN 采用何种分组技术存在分歧,主要是在 IP 技术和 ATM 技术之间的争论,目前已经对采用 IP 技术达成了共识,但 IP 技术并不完善,还需要许多改进才能担当这个重任。

3. 提供各种业务

随着技术的进步和生活水平的提高,仅仅利用语音来交换信息已经不能满足人们的日常需要,尤其随着 Internet 的迅猛发展,多媒体服务已经越来越多地融入人们的日常生活之中。NGN 的最终目标就是为用户提供各种业务,这包括传统语音业务、多媒体业务、流媒体业务和其他业务。NGN 的生命力很大程度上取决于是否能够提供各种新颖的业务,因此在 NGN 的发展中如何开发有竞争力的业务将是今后的一个问题。

4. 能够与传统网络互通

网络的发展不是一蹴而就的,现有网络过渡到下一代网络一定会经历一个漫长的过程。在这个过程中,下一代网络与现有网络将长期共存,因此,这两者之间必须要实现互通。目前制定的 NGN 标准中都充分考虑了互通的问题。

5. 具有可运营性和可管理性

NGN 是一个商用的网络,必须具备可运营性和可管理性。可运营性主要包括 QoS 能力和安全性能,NGN 需要为业务提供端到端的 QoS 保证和安全保证,当提供传统电信业务时,应至少能保证提供与传统电信网相同的服务质量。可管理性是指 NGN 应该是可管理和可维护的,其网络资源的管理、分配和使用应该完全掌握在运营商的手中,运营商对网络有足够的控制力度,明确掌握全网的状况并能对其进行维护。NGN 应能够支持故障管理、性能管理、客户管理、计费与记账、流量和路由管理等能力,运营商能够采取智能化的、基于策略的动态管理机制对其进行管理。

6. 具有通用移动性

与现有移动网能力相比,NGN 对移动性有更高的要求。通用移动性是指当用户采用不同的终端或接技术时,网络将其作为同一个客户来处理,并允许用户跨越现有网络边界使用和管理他们的业务。通用移动性包括终端移动性和个人移动性及其组合,即用户可以从任何地方的任何接入点和接入终端获得在该环境下可能得到的业务,并且对这些业务用户有相同的感受以及操作。通用移动性意味着通信实现个人化,用户只使用一个 IP 地址就能够实现在不同位置、不同终端上接入不同的业务。

三、下一代网络的体系结构

NGN 是一个融合的网络,不再是以核心网络设备的功能纵向划分网络,而是按照信息在网络传输与交换的逻辑过程来横向划分网络。可以把网络为终端提供业务的逻辑过程分为承载信息的产生、接入、传输、交换及应用恢复等若干个过程。

为了使分组网络能够适应各种业务的需要，NGN 网络将业务和呼叫控制从承载网络中分离出来。因此，NGN 的体系结构实际上是一个分层的网络。

NGN 从功能上可以分为接入层、传送层、控制层和网络业务层等几个层面。

接入层（Access Layer）：将用户连接全网络，集中用户业务将它们传递至目的地，包括各种接入手段，例如，接入网、中继网、媒体网、智能网等。

传送层（Transport Layer）：将不同信息格式转换成为能够在网络上传递的信息格式，例如，将话音信号分割成 ATM 信元或 IP 包。此外，媒体层可以将信息选路至目的地。

控制层（Control Layer）：即指软交换设备，是 NGN 的核心，主要完成信令的处理等业务的执行。

网络业务层（Network Service Layer）：处理具体业务逻辑，包括业务管理、应用服务、AAA 服务等业务逻辑。

四、下一代网络中的网关技术

1. 媒体网关

MG 主要是将一种网络中的媒体转换成另一种网络所要求的媒体格式，MG 能够在电路交换网的承载通道和分组网的媒体流之间进行转换，可以综合处理音频、视频和数据内容。

媒体网关 MG 在 NGN 中扮演着重要的角色，任何业务都需要 MG 在软交换的控制下实现。媒体网关主要涉及的功能有：用户或网络接入功能、接入核心媒体网络功能、媒体流的映射功能、受控操作功能、管理和统计功能。

2. 媒体网关控制器

MGC 能控制整个网络，监视各种资源并控制各种连接，负责用户认证和网络安全，发起和终结所有的信令控制。MGC 是软交换的重要组成部分和功能实现部分。

MGC 是 H.248 协议关于 MG 媒体通道中呼叫连接状态的控制部分。MGC 可以通过 H.248 协议或 MGCP 协议、媒体设备控制协议（MDCP）对 MG 进行控制，媒体网关控制器/呼叫代理之间通过 H.323 或者 SIP 协议连接。在大多数情况下，MGC 被统称为"软交换"，但 MGC 并不等于软交换，软交换的功能比 MGC 强大。

3. 信令网关

SG 是 No.7 信令网与 IP 网的边缘接收和发送信令消息的信令代理，对信令消息进行中继、翻译或终结处理。其实质就是为了实现电话网端局与软交换设备的 No.7 信令互通，尤其实现信令承载层电路交换形式与 IP 形式的转换功能。一般 SG 包括 No.7 信令网接口、IP 网络接口、协议处理单元 3 个功能实体。

第二节　软交换技术

下一代网络是集语音、数据、传真和视频业务于一体的全新网络,在向未来网络发展的过程中,运营商们已经越来越清楚地意识到,业务已经逐渐成为运营商区别于同行而立于不败之地的主要因素。软交换思想正是在下一代网络建设的强烈需求下孕育而生的。

一、软交换的概念及特点

(一)软交换的概念

软交换(Soft Switch)的基本含义就是把呼叫控制功能从媒体网关(传输层)中分离出来,通过服务器上的软件实现基本呼叫功能。

(二)软交换的特点

1.高效灵活

软交换体系结构的最大优势在于将应用层和控制层与核心网络完全分开,有利于以最快的速度、最有效的方式引入各类新业务,大大缩短了新业务的开发周期,利用该体系架构,用户可以非常灵活地享受所提供的业务和应用。

2.开放性

由于软交换体系架构中的所有网络部件之间均采用标准协议,因此,各个部件之间既能独立发展、互不干涉,又能有机组合成一个整体,实现互连互通。这样,"开放性"成为软交换的一个最为主要的特点,运营商可以根据自己的需求选择市场上的优势产品,实现最佳配置,而无需拘泥于某个公司、某种型号的产品。

3.多用户

软交换的设计思想迎合了电信网、计算机网及有线电视网三网合一的大趋势。模拟用户、数字用户、移动用户、ADSL用户、ISDN用户、IP窄带网络用户、IP宽带网络用户都可以享用软交换提供的业务,因此,它不仅为新兴运营商进入语音市场提供了有力的技术手段,也为传统运营商保持竞争优势开辟了有效的技术途径。目前各运营商都认为可以对软交换进行深入研究,探索其在网络发展、演进和融合过程中的作用。

4.强大的业务功能

软交换可以利用标准的全开放应用平台为客户定制各种新业务和综合业务,最大限度地满足用户需求。特别是软交换可以提供包括语音、数据和多媒体等各种业务,这就是软交换被越来越多的运营商接受和利用的主要原因。

二、软交换系统的体系结构

(一)软交换系统的参考模型

软交换系统由传输平面、控制平面、应用平面、数据平面和管理层面构成。

根据传统通信网络的发展和演变,下一代电信网络将是以包交换为基本支撑网络的三层体系架构。其中,骨干层将由实现路由解析、域资源管理等功能的设备完成(如 H. 323 体系中的 GK、SIP 体系中的重定位服务器等)。本地层将由软交换或 IP 市话等相关设备完成,为本地用户提供多媒体通信服务,并通过高层骨干网络管理设备与其他本地设备通信实现异地的用户间多媒体通信功能。而用户接入层将通过各种 MG(如与 PSTN 互通的 MG)、宽带接入设备、移动接入设备等接入至本地软交换处理。

(二)基于软交换技术的网络结构

在下一代网络中,应有一个较统一的网络系统结构。软交换位于网络控制层,较好地实现了基于分组网利用程控软件提供呼叫控制功能和媒体处理相分离的功能。

软交换与应用/业务层之间的接口提供访问各种数据库、三方应用平台、功能服务器等接口,实现对增值业务、管理业务和三方应用的支持。其中软交换与应用服务器间的接口可采用 SIP、API,以提供对三方应用和增值业务的支持;软交换与策略服务器间的接口对网络设备工作进行动态干预,可采用普通开放策略服务(Common Open Policy Service,COPS)协议;软交换与网关中心之间的接口实现网络管理,采用 SNMP;软交换与 INSCP 之间的接口实现对现有 IN 业务的支持,采用 INAP 协议。

应用服务器负责各种增值业务和智能业务的逻辑产生和管理,并且还提供各种开放的 API,为第三方业务的开发提供创作平台。应用服务器是一个独立的组件,与控制层的软交换无关,从而实现了业务与呼叫控制的分离,有利于新业务的引入。

MG 其主要功能是将一种网络中的媒体转换成另一种网络所要求的媒体格式。它提供 API,为第三方业务的开发提供创作平台。应用服务器是一个独立的组件,与控制层的软交换无关,从而实现了业务与呼叫控制的分离,有利于新业务的引入。

MG 其主要功能是将一种网络中的媒体转换成另一种网络所要求的媒体格式。它提供多种接入方式,如数据用户接入、模拟用户接入、ISDN 接入、V5 接入、中继接入等。

通过核心分组网与媒体层网关的交互,接收处理中的呼叫相关信息,指示网关完成呼叫。其主要任务是在各点之间建立关系,这些关系可以是简单的呼叫,也可以是一个较为复杂的处理。软交换技术主要用于处理实时业务,如语音业务、视频业务、多媒体业务等。

软交换之间的接口实现不同于软交换之间的交互,可采用 SIP-T、H. 323 或 BICC 协议。

三、软交换设备功能

软交换设备是整个软交换网络的核心,主要完成呼叫控制功能,相当于软交换网络的"大脑",是软交换网络中呼叫与控制的核心。

软交换作为多种逻辑功能实体的集合,提供综合业务的呼叫控制、连接以及部分业务提供功能,是下一代网络中语音/数据/视频业务呼叫、控制、业务提供的核心设备,也是目前电路交换网向下一代分组网演进的主要设备之一。

我国信息产业部在《软交换设备总体技术要求》中对软交换设备的定义如下:软交换设备(Soft Switch,SS)是电路交换网向分组网演进的核心设备,也是下一代电信网络的重要设备之一,它独立于底层承载协议,主要完成呼叫控制、媒体网关接入控制、资源分配、协议处理、路由、认证和计费等主要功能,并可以向用户提供现有电路交换机所能提供的业务以及多样化的第三方业务。

软交换网络的主要设计思想是业务/控制与传送/接入分离,各实体之间通过标准的协议进行连接和通信,其中软交换的主要功能包括以下几项:呼叫控制和处理功能、协议功能、业务提供功能、业务交换功能、互通功能、资源管理功能、计费功能、认证与授权功能、地址解析及路由功能、语音处理功能,以及与移动业务相关的功能等。

(一)呼叫控制和处理功能

软交换可以为基本呼叫的建立、保持和释放提供控制功能,包括呼叫处理、连接控制、智能呼叫触发检出和资源控制等。

软交换应可以接收来自业务交换功能的监视请求,并对其中与呼叫相关的事件进行处理。接受来自业务交换功能的呼叫控制相关信息,支持呼叫的建立和监视。

支持基本的两方呼叫控制功能和多方呼叫控制功能,提供多方呼叫控制功能,包括多方呼叫的特殊逻辑关系、呼叫成员的加入/退出/隔离/旁听以及混音过程的控制等口软交换应能够识别媒体网关报告的用户摘机、拨号和挂机等事件;控制媒体网关向用户发送各种音信号,如拨号音、振铃音和回铃音等;提供满足运营商需求的编号方案。

当软交换内部不包含信令网关时,软交换应该能够采用SS7/IP协议与外置的信令网关互通,完成整个呼叫的建立和释放功能,其主要承载协议采用SCTP。

软交换应可以控制媒体网关发送IVR,以完成诸如二次拨号等多种业务。

软交换可以同时直接与H.248终端、MGCP终端和SIP客户端终端进行连接,提供相应业务。

(二)协议功能

开放性是软交换体系结构的一个主要特点,因此,软交换应具备丰富的协议功能。

呼叫控制协议:ISUP、TUP、PRI、BRI、BICC、SIP-T 及 H.323 等。

传输控制协议:TCP、UDP、SCTP、M3UA 及 M2PA 等。

媒体控制协议:H.248,MGCP 及 SIP 等。

业务应用协议:PARLY、INAP、MAP、LDAP 及 RADIUS 等。

维护管理协议:SNMP 及 COPS 等。

它们分别应用于软交换与网络中其他部件之间,如软交换与媒体网关之间、软交换与信令网关之间、软交换与软交换之间、软交换与H.323终端之间等。

(三)业务提供功能

网络发展的根本目的是提供业务。目前,许多厂家提供的软交换可以支持电路交换机提供的业务,如软交换自身可以提供诸如呼叫前转、主叫号码显示、呼叫等待、缩位拨号、呼出限制、免打扰服务等程控交换机提供的补充业务,软交换还可以与现有智能网配合提供现有智能网提供的业务等。

下一代网络可以说是业务驱动的网络,软交换的引入主要是提供控制功能,而应用服务器(Application Server)则是下一代网络中业务支撑环境的主体,也是业务提供、开发和管理的核心,从这个角度来看,下一代网络是以软交换设备和应用服务器为核心的网络。软交换的业务提供功能应主要体现在可以与第三方合作,提供多种增值业务和智能业务,这样不仅增加了服务的种类,而且加快了服务应用的速度。

(四)业务交换功能

业务交换功能与呼叫控制功能相结合提供呼叫控制功能和业务控制功能(SCF)之间进行通信所要求的一系列功能。业务交换功能主要包括:①业务交互作用管理。②管理呼叫控制功能与 SCF 间的信令。③业务控制触发的识别以及与 SCF 间的通信。④按要求修改呼叫/连接处理功能,在 SCF 控制下处理 IN 业务请求。⑤软交换与网关设备共同完成智能网中 SSP 设备的功能,从而使得软交换网络的用户可以享有原智能网的业务。当软交换收到用户所拨叫号码后,经过号码分析识别为智能业务呼叫,则使用 INAP 协议通过信令网关将业务请求上报给 SCP,由 SCP 中的业务逻辑完成业务控制;软交换接收到 SCP 的指令后,控制网关设备完成媒体接续功能。

(五)互通功能

①提供 IP 网内 H.248 终端、SIP 终端和 MGCP 终端之间的互通。②软交换应可以通过信令网关实现分组网与现有 No.7 信令网的互通。③可以与其他软交换互通,它们之间的协议可以采用 SIP 或 BICC。④可以通过软交换中的互通模块,采用 SIP 协议实现与未来 SIP 网络体系的互通。⑤可以通过信令网关与现有智能网互通,为用户提供多种智能业务;允许 SCF 控制 VoIP 呼叫,且对呼叫信息进行操作(如号码显示等)。⑥可以通过软交换中的互通模块,采用 H.323 协议实现与现有 H.323 体系的 IP 电话网的互通。

(六)资源管理功能

软交换应提供资源管理功能,对系统中的各种资源进行集中管理,如资源的分配、释放和控制等,接受网关的报告,掌握资源当前状态,对使用情况进行统计,以便决定此次呼叫请求是否进行接续等。

(七)计费功能

软交换应具有采集详细话单及复式计次功能,并能够按照运营商的需求将话单传送到相应计费中心。当使用记账卡等业务时,软交换应具备实时断线的功能。

软交换具有根据计费对象进行计费和信息采集的功能,并负责将采集信息送往计费中心。例如,当用户接入授权认证通过并开始通话时,由软交换启动计费计数器;当用户拆线或网络拆线时终止计费计数器,并将采集的原始记录数据 CDR(Call Detail Record)送到相应的计费中心,再由该计费中心根据费率生成账单,并汇总上交给相应的结算中心。再如,当采用账号(如记账卡用户)方式计费时,软交换应具有计费信息传送和实时断线功能。在用户接入授权认证通过后,与软交换连接的计费中心应从用户数据库(漫游用户应在其开户地计费中心查找)提取余额信息并折算成最大可通话时间传给软交换设备,软交换设备启动相应的定时器以免用户透支。开始通话时由软交换设备启动计费计数器,在用户拆线或网络拆线时终止计费计数器。最终由软交换设备将采集的数据送到相应的计费中心,由该计费中心生成 CDR,并根据费率生成用户账单并扣除记账卡用户的一定的余额(对漫游用户应将账单送到其开户地相应的计费中心,由它负责扣除记账卡用户的一定的余额),并汇总上交给相应的结算中心。

对智能业务的计费,主要是由 SCP 决定是否计费、计费类别及计费相关信息,但记录由软交换生成。当呼叫结束后,软交换将详细计费信息送往计费中心,将与分摊相关的信息送 IP 到 SCP,由 SCP 送往 SMP,再送到结算中心,由结算中心进行分摊。在软交换中应有计费类别(Charge Class)与具体的费率值的对应表。

计费的详细采集内容与各运营商的资费策略密切相关,但其主要内容可以包括日期、通话开始时间、通话终止时间、PSTN,qSDN 侧接通开始时间、PSTN/ISDN 侧释放时间、通话时长、卡号、接入号码、被叫用户号码、主叫用户号码、入字节数、出字节数、业务类别、主叫侧媒体网关/终端的 IP 地址、被叫侧媒体网关/终端的 IP 地址、主叫侧软交换设备 IP 地址、被叫侧软交换设备 IP 地址、通话终止原因等。

(八)认证与授权功能

软交换应能够与认证中心连接,并可以将所管辖区域内的用户及媒体网关信息(如 IP 地址及 MAC 地址等)送往认证中心进行认证和授权,以防止非法用户/设备的接入。

(九)地址解析及路由功能

软交换应可以完成 E.164 地址至 IP 地址及别名地址至 IP 地址的转换功能,同时也可完成重定向的功能。

能够对号码进行路由分析,通过预设的路由原则(如拥塞控制路由原则)找到合适的被叫软交换,将呼叫请求送至被叫软交换。

(十)语音处理功能

软交换可以控制媒体网关之间语音编码方式的协商过程,语音编码算法至少包括 G.711、G.729 和 G.723 等。呼叫建立之前,软交换会分别向主/被叫网关发送可选的(按优先级由高到低的)编码方式列表,网关根据自身情况回送(按优先级由高到低的)编码方式列表,最后双方选取都支持的最高优先级编码方式,完成两个网关之间编码方式的协商。当网络发生拥塞时,软交换会控制网关设备切换至压缩率高的编码方式,减少网络负荷。当网络负荷恢复至正常时,软交换会控制网关设备切换至压缩率低的编码方式,提高业务质量。

软交换可以控制媒体网关是否采用回声抑制功能,提供的协议应至少包括 G.168 等。软交换能够向媒体网关提供语音包缓存区的最大容量,以减少抖动对语音质量带来的影响。

软交换可以控制媒体网关的增益的大小,并控制中继网关是否执行导通检验过程。

(十一)与移动业务相关的功能

软交换具备无线市话交换局、移动交换局能提供的相关功能,包括用户鉴权、位置查询、号码解析及路由分析、呼叫控制、业务提供和计费等功能。

四、软交换协议

（一）H.248/MEGACO

H.248 是由 ITU-T 第 16 组提出来的，而 MEGACO 是由 IETF 提出来的。两个标准化组织在制定媒体网关控制协议过程中，相互联络和协商，因此，H.248 和 MEGACO 协议的内容基本相同。它们引入了终节点（Termination）和关联（Context）两个重要概念。

终节点为媒体网关或 H.248 终端上发起或终接媒体或控制流的逻辑实体，一个终节点可发起或支持多个媒体或控制流，中继时隙 DS0、RTP 端口或 ATM 虚信道均可以用 Termination 进行抽象。关联用来描述终节点之间的连接关系。例如，拓扑结构、媒体混合或交换的方式等。

由于 H.248/MEGACO 是 ITU-T 和 IETF 共同推荐的协议，因此，许多设备制造商和运营商看好这个协议。

（二）H.323 协议

H.323 是一套较为成熟的电信级 IP 电话体系协议。1996 年 ITU 通过 H.323 规范时，是作为 H.320 的修改版，用于 LAN 上的会议电视。经过几次改版后，H.323 成为 IP 网关/终端在分组网上传送话音和多媒体业务所使用的核心协议，包括点到点、点到多点会议、呼叫控制、多媒体管理、带宽管理、LAN 与其他网络的接口等。H.323 建议是为多媒体会议系统而提出，并不是为 IP 电话专门提出的，只是 IP 电话，特别是电话到电话经由网关的这种 IP 电话工作方式，可以采用 H.323 建议来完成它要求的工作，因而 H.323 建议被"借"过来作为 IP 电话的标准。对 IP 电话来说，它不只用 H.323 建议，而且用了一系列建议，其中有 H.225、H.245、H.235、H.450、H.341 等。只是 H.323 建议是"总体技术要求"，因而通常把这种方式的 IP 电话称为 H.323IP 电话。H.323 建议是一个较为完备的建议书，它提供了一种集中处理和管理的工作模式。这种工作模式与电信网的管理方式是适配的，尤其适用于从电话到电话的 IP 电话网的构建（目前国内 IP 电话网络全部采用 H.323）。

（三）MGCP 协议

MGCP 协议是 H.323 电话网关分解的结果，由 IETF 的 MEGACO 工作组制定，具体内容可参考 IETFRFC2705。在软交换系统中，MGCP 协议主要用于软交换与媒体网关或软交换与 MGCP 终端之间控制过程。

MGCP 协议模型基于端点和连接两个构件进行建模。端点用来发送或接收数据流，可以是物理端点或虚拟端点；连接则由软交换控制网关或终端在呼叫所涉及的端点间进行建立，可以使点到点、点到多点连接。一个端点上可以建立多个连接，不同呼叫的连接可以终接于同一个端点。MGCP 命令分成连接处理和端点处理两类，共有 9 条命令。

（四）SIP 协议

SIP 是会话启动协议，是由 IETF 提出并主持研究的一个在 IP 网络上进行多媒体通信的应用层控制协议，它被用来创建、修改和终结一个或多个参加者参加的会话进程。其设计思想与 H.248、MEGACO/MGCP 完全不同,SIP 采用基于文本格式的客户机－服务器方式,以文本的形式表示消息的语法、语义和编码,客户机发起请求,服务器进行响应。SIP 主要用于 SIP 终端和软交换之间、软交换和软交换之间以及软交换和各种应用服务器之间。总的来说,会话启动协议能够支持下列 5 种多媒体通信的信令功能。

（五）SCTP 协议

SCTP(流控制传送协议)主要在无连接的网络上传送 PSTN 信令信息,该协议可以在 IP 网上提供可靠的数据传输。SCTP 可以在 IP 网上承载 No.7 信令,完成 IP 网与现有的 No.7 信令网和智能网的互通。同时,SCTP 还可以承载 H.248、ISDN、SIP、BICC 等控制协议,因此可以说,SCTP 是 IP 网上控制协议的主要承载者。

SCTP 具有以下特点：①SCTP 是一个单播协议,数据交换是在两个已知端点间进行。②它定义的定时器间隔比 TCP 协议的更短。③提供可靠的用户数据传输,检测什么时间数据被损坏或乱序,需要时可进行修复。④速率适应,可对网络拥塞作出响应,并按需要阻止回传。⑤支持多导航,每个 SCTP 端点可能被多个 IP 地址识别,对一个地址进行选路与其他地址无关,如果一条路由不可用,将会使用另一条路由。⑥使用基于 Cookies 的初始过程,以防止因业务冲突而遭拒绝。⑦支持捆绑,在单个 SCTP 消息中可以包含多个数据块,每块都可以包含一个完整的信令消息。⑧支持划分,单个信令消息可以被划分为多个 SCTP 消息,以便满足低层 PDU 的需要。⑨以面向消息的形式定义数据帧的结构,相反,TCP 协议在传送字节流时不强调结构。⑩具有多流的能力,数据被分成多个流,每个流都按独立的顺序传送,但 TCP 协议没有这样的特点。

（六）BICC 协议

BICC 协议提供了支持独立于承载技术和信令传送技术的窄带 ISDN 业务,BICC 协议属于应用层控制协议,可用于建立、修改、终结呼叫。

支持 BICC 信令的节点有多种,这些节点可以是具有承载控制功能(BCF)的服务节点(SN),也可以是不具有承载控制功能的媒体节点。

（七）M2PA 协议

M2PA(MTP2 层用户对等适配层协议)是把 No.7 信令的 MTP3 层适配到 SCTP 层的协议,它描述的传输机制可以使任何两个 No.7 节点通过 IP 网上的通信完成 MTP3 消息处理和信令网管理功能,因此,能够在 IP 网连接上提供与 MTP3 协议的无缝操作。此时,软交换具有一个独立的信令点。M2PA 提供的传输机制支持 IP 网络连接上的 MTP3 协议对等层的操作。

（八）M3UA 协议

M3UA(MTP3 层用户适配层协议)是把 No.7 信令的 MTP3 层用户信令适配到 SCTP 层的协议。它描述的传输机制支持全部 MTP3 用户消息(TUP、ISUP、SCCP)的传送、MTP3 用户协议对等层的无缝操作、SCTP 传送和话务管理、多个软交换之间的故障倒换和负荷分担以及状态改变的异步报告。M3UA 和上层用户之间使用的原语同 MTP3 与上层用户之间使用的原语相同,并且在底层也使用了 SCTP 所提供的服务。

第三节 移动 IPv6

越来越多的移动用户都希望能够以更加灵活的方式接入到 Internet 中去,而不会受到时空的限制。移动 IP 技术正式适应这种需求而产生的一种新的支持移动用户和 Internet 连接的互联技术,它能使移动用户在移动自己位置的同时无需中断正在进行的网络通信。

一、移动 IPv6 的基本术语及组成

(一)移动 IPv6 的基本术语

移动节点(Mobile Node,MN):指移动 IPv6 中能够从一个链路的连接点移动到另一个链路的连接点,仍能通过其家乡地址被访问的节点。

通信节点(Correspondent Node,CN):指所有与移动节点通信的节点,通信节点可以是静止的,也可以是移动的。

家乡代理(Home Agent,HA):指移动节点家乡链路上的一个路由器。当移动节点离开家乡时,家乡代理允许移动节点向其注册当前的转交地址。

家乡地址(Home Address):指分配给移动节点的 IPv6 地址。它属于移动节点的家乡链路,标准的 IP 路由机制会把发给移动节点家乡地址的分组发送到其家乡链路。

转交地址(Care of Address,CoA):指移动节点访问外地链路时获得的 IPv6 地址。这个 IP 地址的子网前缀是外地子网前缀。移动节点同时可得到多个转交地址,其中注册到家乡代理的转交地址称为主转交地址。

家乡链路(Home link):对应于移动节点家乡子网前缀的链路。标准 IP 路由机制会把目的地址是移动节点家乡地址的分组转发到移动节点的家乡链路。

外地链路(Foreign Link):对于一个移动节点而言,指除了其家乡链路之外的任何链路。

移动(Movement):指移动节点改变其网络接入点的过程。如果移动节点当前不在它的家乡链路上,则称为离开家乡。

子网前缀(Subnet Prefix):指同一网段上的所有地址中前面的相同部分。子网前缀是前缀路由技术的基础,IPv6 中子网前缀的概念与 IPv4 中的子网掩码的概念类似。

家乡子网前缀(Home Subnet Prefix):指对应于移动节点家乡地址的 IP 子网前缀。

外地子网前缀(Foreign Subnet Prefix):对于一个移动节点而言,指除了其家乡链路之外的任何 IP 子网前缀。

绑定(Binding):绑定也称为注册,是指移动节点的家乡地址和转交地址之间建立的对应关系。家乡代理通过这种关联把发送到家乡链路的属于移动节点的分组转发到其当前位置,通信节点通过这种关联也可以知道移动节点的当前接入点,从而实现通信的路由优化。

（二）移动 IPv6 的组成

移动 IPv6 与移动 IPv4 一样，同样包括家乡链路（Home Link）和外地链路（Foreign Link）的概念。家乡链路就是具有本地子网前缀的链路，移动节点使用本地子网前缀来创建家乡地址（Home Address）。外地链路就是非移动节点家乡链路的链路，外地链路具有外地子网前缀，移动节点使用外地子网前缀创建转交地址（care-of Address）。

移动 IPv6 中的家乡地址和转交地址的概念与移动 IPv4 中的基本相同。其中，移动 IPv6 的家乡地址就是移动节点在家乡链路时所获得的地址，无论移动节点位于 IPv6 互联网中的哪个位置，移动节点的家乡地址总是可到达的。移动 IPv6 的转交地址是移动节点位于外地链路时所使用的地址，由外地子网前缀和移动节点的接口 ID 组成。移动节点可同时具有多个转交地址，但是仅有一个转交地址可以在移动节点的家乡代理（Home Agent）中注册为主转交地址。

与移动 IPv4 不同，在移动 IPv6 中只有家乡代理的概念，而取消了外地代理。移动节点的家乡代理是家乡链路上的一台路由器，主要是负责维护离开本地链路的移动节点，以及这些移动节点所使用的地址信息。如果移动节点位于家乡链路，则家乡代理的作用与一般的路由器相同，它将目的地为移动节点的数据包正常转发给移动节点；当移动节点离开家乡链路时，则家乡代理将截取发往移动节点家乡地址的数据包，并将这些数据包通过隧道发往移动节点的转交地址。

在移动 IPv6 中，还有一个重要的组成部分就是对端节点。对端节点是与离开家乡的移动节点进行通信的 IPv6 节点。对端节点可以是一个固定节点，也可以是一个移动节点。

二、移动 IPv6 的工作原理

①移动节点利用路由器发现机制来确定其当前位置。②如果移动节点属于在它的家乡链路上，则和固定主机或路由器一样，以相同的机制收发数据包。③当移动节点在外地链路上时，可利用 IPv6 定义的地址自动配置机制获得其转交地址。④移动节点将其转交地址通知给它的家乡代理，同时，移动节点也可将它的转交地址通知给对应的通信节点，并更新其绑定缓存列表。⑤不知道移动节点转交地址的通信节点所发出的包首先要发送到移动节点的家乡网络，再由家乡代理通过隧道技术将其发送到移动节点的转交地址，移动节点解开数据包并更新其绑定缓存列表，直接将包发送到通信对端，通信对端接收数据包并更新其绑定缓存列表。⑥如果通信节点知道移动节点的转交地址，就可利用 IPv6 的选路报头直接将数据包发送到移动节点的转交地址。⑦由移动节点发出的数据包直接路由到目的节点，而不需要任何特殊的转发机制。⑧如果移动节点离开家乡网络后，由于家乡网络配置变更或其他原因，导致移动节点无法找到家乡代理。这时，移动 IPv6 就会利用"动态家乡代理发现机制"通过发送 ICMP 家乡代理地址发现请求消息，得到当前家乡链路上的家乡代理地址，从而保证能够注册其转交地址。

三、移动 IPv6 报文

（一）移动报头

移动 IPv6 定义了一个移动报头，其实质是一个新的 IPv6 扩展报头，主要作用是承载移动节点、通信节点和家乡代理间在绑定管理过程中使用的移动 IP 消息，这些消息都是封装在 IPv6 的扩展报头之中进行传送的。移动报头是通过前一个扩展报头的"下一个扩展报头"字段值 135 进行标识的。

（二）绑定更新请求报文

绑定更新请求报文（Binding Refresh Request Message，BRR）要求移动节点更新其移动绑定，移动报头类型字段的取值为 0，移动报头中报文数据内容为绑定更新请求报文的格式。

（三）转交测试初始报文

转交测试初始报文（Care-of Test Init，CoTI），移动节点使用该报文初始化返回路由可达过程，向通信节点请求转交密钥生成令牌。CoTI 报文的格式同 HoTI 的几乎一样，不同的只是把家乡初始 Cookie 替换为转交初始 Cookie。移动报文类型字段的取值为 2，移动报文中报文数据内容为转交测试初始报文的格式。

（四）家乡测试报文

家乡测试报文（Home Test Message，HoT）是对家乡转变测试初始报文的应答，是通信节点发往移动节点的。移动报文类型字段的取值为 3，移动报文中报文数据内容为家乡测试报文的格式。

（五）转交测试报文

转交测试报文（Care-of Test Message，CoT）是对转交测试初始报文的响应，从通信节点发往移动节点，移动报文类型字段的取值为 4，移动报文中报文数据内容为转交测试报文的格式。

（六）绑定更新报文

绑定更新报文（Binding Updae，BU）是移动节点使用绑定更新报文通知其他节点（主要是通信节点或家乡代理）自己的新的转交地址，移动报文类型字段的取值为 5，移动报文中报文数据内容为绑定更新报文的格式。

（七）绑定确认报文

绑定确认报文（Binding Acknowledgment Message，BA）用于确认收到了绑定更新，移动报文类型字段的取值为 6，移动报文中报文数据内容为绑定确认报文的格式。

（八）绑定错误报文

绑定错误报文（Binding Error Message），对端节点使用绑定错误报文表示与移动性相关的错误。移动报文类型字段的取值为 7，移动报文中报文数据内容为绑定错误报文的格式。

对于不需要在所有发送的绑定错误报文中出现的消息内容，可能存在与这些绑定错误报文相关的附加信息。移动选项允许对已经定义的绑定错误报文格式做进一步扩展。

若该报文中不存在实际选项,不需要字节填充,且报头长度字段将设为 2。

四、移动 IPv6 中的关键技术

(一)移动 IPv6 的安全技术

从物理层与数据链路层角度来看,移动节点多数情况是通过无线链路接入,无线链路是一种开发的链路,容易遭受窃听、重放或其他攻击。

从网络层移动 IP 协议角度来看,移动节点通过家乡代理和外地代理不断地从一个网络移动到另一个网络,使用代理发现、注册与隧道机制,实现与对端的通信。

代理发现机制很容易遭到一个恶意节点的攻击,它可以发出一个伪造的代理通告,使得移动节点认为当前绑定失效。

移动注册机制很容易受到拒绝服务攻击与假冒攻击。典型的拒绝服务攻击是攻击者向本地代理发送伪造的注册请求,把自己的 IP 地址当作移动节点的转交地址。在注册成功后,发送到移动节点的数据分组就被转发到攻击者,而真正的移动节点却接收不到数据分组。攻击者也可以通过窃听会话与截取分组,储藏一个有效的注册信息,然后采取重放的办法,向家乡代理注册一个依靠的转发地址。

对于隧道机制,攻击者可以伪造一个从移动节点到家乡代理的隧道分组,从而冒充移动节点非法访问家乡网络。

移动 IP 面临着一般 IP 网络中几乎所有的安全威胁,而且有特有的安全问题,家乡代理、外地代理与通信对端,以及注册与隧道机制都可能成为攻击的目标,因此,移动 IP 的安全问题是研究的重要方向之一。

(二)移动 IPv6 快速切换技术

移动 IPv6 已经提供了切换过程,但是在某些情况下不适合支持实时应用程序。研究切换的目的是要减少切换的延迟和丢包率,这样,移动 IPv6 才能很好地运行实时应用的移动节点的移动问题。

快速切换于 2005 年 7 月成为 IETF 发布的"移动 IPv6 的快速切换(Fast Handover for Mo-bile IPv6,FMIPv6)"协议标准,定义在 RFC4068 中,其核心思想是有移动节点预测网络层的移动,在断开当前链路前,能够发现新的路由器和网络前缀并进行切换预处理。

移动节点发送路由代理请求报文(Router Solicitation for Proxy,RtSolPr)上发现邻居接入路由器。当移动节点发现新的接入点(Access Point,AP)时,它预测到自己将要进行切换,于是发送 RtSolPr 消息给旧的接入路由器(Previous Access Router,PAR)。

移动节点收到代理路由通告报文(Proxy Router Advertisement,PrRtAdv),该报文由 PAR 发送给移动节点,作为对 RtSolPr 报文的响应。PrRtAdv 提供了与新发现 AP 相对应的 NAR 的子网前缀或者 IP 地址信息。移动节点使用这些信息配置新的转交地址(New Care-of Address,NCoA)。

移动节点发送快速绑定更新报文(Fast Binding Update,FBU)到旧的接入路由器。这样,PAR 就可以建立移动节点旧的转交地址(Previous Care-of Address,PCoA)与 NCoA 的绑定以及它到 NAR 的分组转发隧道。

旧的接入路由器发送切换初始化报文(Handover Initiate,HI)给新的接入路由器。在收到 FBU 消息之后,PAR 发送该报文给 NAR。HI 报文包含移动节点的 PCoA 和 NCoA,使得 NAR 可以通过重复地址检测过程检查 NCoA 的合法性。HI 报文的另外一个作用是建立 NAR 到 PAR 的反向隧道,该隧道将移动节点发送的分组转发给 PAR 新的接入路由器发送切换确认报文给旧的接入路由器。

旧的接入路由器发送快速绑定确认报文(Handover Acknowledgement,HAck)给处于新链路上的移动节点,同时这个报文也发送到生成绑定更新报文的链路。该报文由 NAR 发送给 PAR,作为对 HI 报文的确认。它指示 NCoA 是合法的,或提供另一个合法的 NCoA 给移动节点。

移动节点 MN 连接到新的链路后,发送快速邻居通告报文(Fast Binding Acknowledgement)给新的接入路由器。该报文由 PAR 发送给移动节点,指示 FBU 报文是否成功。否定的确认报文指明是因为 NCoA 不合法还是其他原因导致 FBU 失败。

移动节点 MN 连接到新的链路后,发送快速邻居通告报文(Fast Neighbor Advertisement,FNA)。该报文由移动节点发送给 NAR,通告它的到达。FNA 报文同时触发一个路由器通告作为响应,指示 NCoA 是否合法。

(三)移动 IPv6 的服务质量支持

移动节点改变网络接入点时,数据报经过的网络链路会发生变化,在不同的网络链路中需要提供适当的服务质量支持。需要对运行在移动节点上的应用程序提供可用的服务质量保证。

移动 IPv6 服务质量支持技术主要有基于 RSVP 的移动 IPv6 服务质量(QoS)体系和层次化移动管理(HMIPv6)。

基于 RSVP 的移动 IPv6 服务质量体系提出了一套用于移动网络中的信令协议,当移动节点从一个子网移动另一个子网时,允许移动节点在当前位置的路径上建立和维持资源预留。通过对 IPv6 流标记(Flow Label)字段的应用设置实现对服务质量的支持。流标记是按位产生的伪随机数,在一定的时间内,源端不能重用流标记。如果流标记字段值为 0,则表明这个数据报不属于任何流。

如果采用移动节点的转交地址来标识数据流,当移动节点移动到另一个子网时,携带了新的转交地址的 PATH 报文与 RSVP 报文将会触发预留路径上的路由器进行新的资源预留,而不是重用原来设置的资源预留。可以看出,无论移动节点作为源端或目的端,都必须在切换后在新的路径上重新进行资源预留,不能实现流透明。

HM IPv6 对移动 IPv6 的扩展对移动节点和家乡代理的操作进行了少量的修改,没有对通信对端节点操作做改动。HM IPv6 引入了两个转交地址的概念,即一个是移动节点在

MAP 上获得的区域转交地址(Regiona Care-of Address,RCoA),以 RCoA 作为转交地址注册到家乡代理和通信对端节点;另一个移动节点的接入地址称为接入链路转交地址(onLink Care-of Address,LCoA),当移动节点在 MAP 管理区域内改变了 LCoA 时,仅需要向 MAP 注册更新,不需要向家乡代理和对端节点注册。可以认为,MAP 就相当于移动节点的本地家乡代理(Local Hone Agent,LHA),MAP 代表注册在其上的移动节点接收所有的数据报,并经过隧道封装发送到移动节点的 LCoA。

第四节　多协议标记交换技术

一、MPLS 概述

多协议标记交换(Multi-Protocol Label Switching,MPLS)是 IP 通信领域中的一种新兴的网络技术,这种技术将第三层路由和第二层交换结合起来,是对传统 IP Over ATM 技术的改进,从而把 IP 的灵活性,可扩展性与 ATM 技术的高性能性,QoS 性能,流量控制性能有机地结合起来。其基本思想表现在 MPLS 网络上即为边缘路由和核心交换。MPLS 不仅能够解决当前 Internet 网络中存在的大量问题,而且能够支持许多新的功能,是一种理想的 IP 骨干网络技术。

需要说明的是,虽然把 MPLS 视为一种集成模型的 IP Over ATM 技术,但实际上 MPLS 是一种支持多协议技术。它既可以支持 IP、IPX 等网络层协议,又可运行在 Ethernet、FDDI、ATM、帧中继、PPP 等多种数据链路层上。它既源于传统的标记交换技术,又不同于传统的标记交换技术,因而它们之间存在着很多相似点,但也有着重要区别。

正是由于标记交换技术不受限于某一具体的网络层协议,并且具有高性能转发特性,因此,被广大网络研究者认同。到目前为止关于 MPLS 的各种草案多达 140 个,速度之快,也是前所未有的。同时,在研究界也发表了大量有关 MPLS 的论文,但至今还没有一个国际标准化组织颁布关于 MPLS 核心规范的标准。这说明 MPLS 的研究还处于"百家争鸣"阶段,有很多技术还不完善,在与传统的 Internet 技术集成时,还存在许多未解决的问题。

二、MPLS 的体系结构与工作原理

由 MPLSLSR 构成的网络区域称为 MPLS 域,位于 MPLS 域边缘与其他网络或用户相连的 LSR 称为边缘 LSR(LER),而位于 MPLS 域内部的 LSR 则称为核心 LSR。LSR 既可以是专用的 MPLS LSR,也可以是由 ATM 等交换机升级而成的 ATM-LSR。

MPLS 网络的信令控制协议称为标记分发协议(LDP)。MPLS 网络与传统 IP 网络的不同主要在于 MPLS 域中使用了标记交换路由器,域内部 LSR 之间使用 MPLS 协议进行通信,而在 MPLS 域的边缘由 MPLS 边缘路由器进行与传统 IP 技术的适配。

标记是一个长度固定、具有本地意义的短标识符,用于标识一个转发等价类。特定分组

上的标记代表着分配给该分组的转发等价类。MPLS 允许标记是世界唯一的,或者每个节点唯一的或者每个接口唯一的。MPLS 的标记可以具有广泛的粒度,如可以为最佳颗粒度,即路由表中的每一个地址前缀都属于一个转发等价类;也可以是中等颗粒度的,即网络的每一个外部接口归为一个等级,将所有通过某一接口离开网络的分组归为一类;也可以为粗颗粒度的,即每一个节点归为一个等级,将所有通过某一节点离开网络的分组归为一类。但需要注意的是,相邻 LSR 之间的粒度不一致可能会产生问题。

标记交换的具体工作过程,简单来说主要包括以下几个步骤:①标记分发协议和传统路由协议(OSPF 和 ISIS 等)一起,在各个 LSR 中为有业务需求的转发等价类建立路由表和标记映射表。②边缘路由器接收分组,完成第三层功能,判定分组所属的转发等价类,并给分组加上标记形成 MPLS 标记分组。③此后,在 LSR 构成的网络中,LSR 对标记分组不再进行任何第三层处理,只是依据分组上的标记和标记转发表通过交换单元对其进行转发。④在 MPLS 出口的路由器上,将分组中的标记去掉后继续进行转发。

三、MPLS 标记分发

(一)本地绑定和远程绑定

本地绑定是由 LSR 自己决定的 FEC 与标记之间的绑定关系,而远程绑定是 LSR 根据其相邻节点(上游或下游)发来的标记绑定消息来决定的 FEC 与标记之间的绑定关系,本地绑定标记选择的决定权在本地 LSR,而远程绑定标记选择的决定权在相邻的 LSR,远程绑定的 LSR 只是遵从相邻 LSR 的绑定选择。

(二)上游绑定和下游绑定

上游绑定是指 LSR 的输入端口采用远程绑定,而输出端口采用本地绑定,而下游绑定是指 LSR 的输入端口采用本地绑定,输出端口采用远程绑定,即用其他 LSR 传来的标记来填写自己标记转发表的输出端口部分。上游绑定中标记绑定的消息与带有标记的分组传送方向相同,绑定产生的起始点在上游的首端,而下游绑定则完全相反,标记绑定的消息与带有标记的分组传送方向相反,绑定产生于下游的末端。

下游绑定数据流的方向与标记映射消息的方向相反,如果标记绑定的建立需要标记请求信息,则该方式为按需提供方式,否则为主动提供方式;如果标记绑定的建立需要标记映射消息,则为有序方式,否则为独立方式,如果标记请求消息和标记映射消息需要同时满足才能建立标记绑定,则为下游按需有序的标记分发方式。

(三)按需提供方式和主动提供方式

按需提供方式是指 LSR 在收到标记请求消息后才开始决定本地的标记绑定,而主动提供方式则不受此限制,例如,在路由协议收敛后,只要有了稳定的路由表,LSR 就可以直接根据路由表对 FEC 分发标记,而无需等到相邻 LSR 向自己发标记请求消息后才建立绑定关系。

（四）有序方式和独立方式

有序方式是指相邻的 LSR 向本地 LSR 发出标记映射消息后,本地 LSR 才建立 FEC 和标记的绑定,独立方式则是 LSR 无需收到标记映射消息,各个 LSR 独立建立标记绑定并向相邻的 LSR 发送标记映射消息。

（五）数据驱动方式与拓扑驱动方式

数据驱动是指 LSR 在有数据发送时,才建立 LSP,而拓扑驱动是指 LSR 根据路由表中的内容建立 LSP,而不管是否有实际的数据传送。

第五节　IP 多媒体子系统

一、IMS 概述

IMS 的全称为 IP 多媒体核心网子系统,简称为 IP 多媒体子系统(IP Multimedia Subsystem,IMS)。IMS 能够成为 NGN 的核心,是因为 IMS 具有很多能够满足 NGN 需求的优点。除了上面提到的与接入无关的特点外,IMS 还具有其他一些特点。

（一）基于 SIP 协议

IMS 中使用 SIP 作为唯一的会话控制协议。为了实现接入的独立性,IMS 采用 SIP 作为会话控制协议,这是因为 SIP 协议本身是一个端到端的应用协议,与接入方式没有任何关联。此外,由于 SIP 是由 IETF 提出的使用于 Internet 上的协议,因此,使用 SIP 协议也增强了 IMS 与 Internet 的互操作性。但是 3GPP 在制定 IMS 标准时对原来的 IETF 的 SIP 标准进行了一些扩展,主要是为了支持终端的移动特性和一些 QoS 策略的控制和实施等,因此,当 IMS 的用户与传统 Internet 的 SIP 终端进行通信时,会存在一些障碍,这也是 IMS 目前存在的一个问题。

SIP 协议是 IMS 中唯一的会话控制协议,但不是说 IMS 体系中只会用到 SIP 协议,IMS 也会用到其他的一些协议,但其他的这些协议并不用于对呼叫的控制。如 Diameter 用于 CSCF 与 HSS 之间,COPS 用于策略的管理和控制,H.248 用于对媒体网关的控制等。

（二）接入无关性

IMS 是一个独立于接入技术的基于 IP 的标准体系,它与现存的语音和数据网络都可以互通,不论是固定用户还是移动用户。IMS 网络的用户与网络是通过 IP 连通的,即通过 IP-CAN(IP Connectivity Access Network)来连接。例如,WCDMA 的无线接入网络(RAN)以及分组域网络构成了移动终端接入 IMS 网络的 IP-CAN,用户可以通过 PS 域的 GGSN 接入到 IMS 网络。而为了支持 WLAN、WiMAX、XDSL 等不同的接入技术,会产生不同的 IP-CAN 类型。IMS 的核心控制部分与 IP-CAN 是相独立的,只要终端与 IMS 网络可以通过一定的 IP-CAN 建立 IP 连接,则终端就能利用 IMS 网络来进行通信,而不管这个终端是何种类型的终端。

IMS 的体系使得各种类型的终端都可以建立起对等的 IP 通信,并可以获得所需要的服务质量。除会话管理之外,IMS 体系还涉及完成服务所必需的功能,如注册、安全、计费、承载控制、漫游等。

(三)网络融合的平台

IMS 的出现使得网络融合成为可能。IMS 具有一个商用网络所必须拥有的一些能力,包括 QoS 控制、计费能力、安全策略等,IMS 从最初提出就对这些方面进行了充分的考虑。正因为如此,IMS 才能够被运营商接受并被运营商寄予厚望。运营商希望通过 IMS 这样一个统一的平台,来融合各种网络,为各种类型的终端用户提供丰富多彩的服务,无需同以前那样使用传统的"烟囱"模式来部署新业务,从而减少重复投资,简化网络结构,减少网络的运营成本。

(四)提供丰富的组合业务

IMS 在个人业务实现方面采用比传统网络更加面向用户的方法。IMS 给用户带来的一个直接好处就是实现了端到端的 IP 多媒体通信。传统的多媒体业务是人到内容或人到服务器的通信方式,而 IMS 是直接的人到人的多媒体通信方式。同时,IMS 具有在多媒体会话和呼叫过程中增加、修改和删除会话和业务的能力,并且还可以对不同的业务进行区分和计费的能力。因此对用户而言,IMS 业务以高度个性化和可管理的方式支持个人与个人以及个人与信息内容之间的多媒体通信,包括语音、文本、图片和视频或这些媒体的组合。

二、IMS 的功能实体与接口

(一)IMS 的功能实体

1. HSS

归属用户服务器 HSS 是 IMS 中所有与用户和服务相关的数据的主要数据存储器。存储在 HSS 中的数据主要包括用户身份、注册信息、接入参数和服务触发信息。

用户身份分为私有用户身份和公共用户身份。私有用户身份是由归属网络运营商分配的用户身份,用于注册和授权等用途。而公共用户身份用于其他用户向该用户发起通信请求。IMS 接入参数用于会话建立,它包括诸如用户认证、漫游授权和分配 S-CSCF 的名字等。服务触发信息使 SIP 服务得以执行。HSS 也提供各个用户对 S-CSCF 能力方面的特定要求,这个信息被 I-CSCF 用来为用户挑选最合适的 S-CSCF。

在一个归属网络中可以有不止一个 HSS,这依赖于用户的数目、设备容量和网络的架构。在 HSS 与其他网络实体之间存在多个参考点。

2. SLF

订购关系定位功能 SLF 作为一种地址解析机制,当网络运营商部署了多个独立可寻址的 HSS 时,这种机制使 I-CSCF、S-CSCF 和 AS 能够找到拥有给点州户身份的订购关系数据的 HSS 地址。

3. CSCF

CSCF(Call Session Control Function)叫做呼叫会话控制功能,它是 IMS 体系的核心,根据功能不同 CSCF 又分为 P-CSCF、I-CSCF 和 S-CSCF。

(1)DP-CSCF

P-CSCF 即 Proxy-CSCF,叫做代理呼叫会话控制功能。它是 IMS 系统中用户的第一个接触点,所有 SIP 信令流,无论是来自 UEC User Equipment)或者发给 UE,都必须通过 P-CSCF。正如这个实体的名字所指出的,P-CSCF 的行为很像一个代理。P-CSCF 负责验证请求,将它转发给指定的目标,并且处理和转发响应。同一个运营商的网络中可以有一个或者多个 P-CSCF。

(2)H-CSCF

I-CSCF 又称为问询 CSCF,它是一个运营商网络中为所有连接到这个运营商的某一用户的连接提供的联系点,在一个运营商的网络中 I-CSCF 可以有多个。

(3)S-CSCF

S-CSCF 又称为服务 CSCF,它位于归属网络,是 IMS 的核心所在,为 UE 进行会话控制和注册服务。当 UE 处于会话中时,S-CSCF 维持会话状态,并且根据网络运营商对服务支持的需要,与服务平台和计费功能进行交互。在一个运营商的网络中,可以有多个 S-CSCF,并且这些 S-CSCF 可以具有不同的功能。

4. MRFC

多媒体资源功能控制器 MRFC 用于支持和承载相关的服务,例如,会议、对用户公告、进行承载代码转换等。MRFC 解释从 S-CSCF 收到的 SIP 信令,并且使用媒体网关控制协议指令来控制多媒体资源功能处理器 MRFP。MRFC 还能够发送计费信息给 CCF 和 OCS。

5. MRFP

多媒体资源功能处理器 MRFP 提供被 MRFC 所请求和指示的用户平面资源。MRFP 具有下列功能:①在 MRFC 的控制下进行媒体流及特殊资源的控制。②支持多方媒体流的混合功能(如音频/视频多方会议)。③支持媒体流发送源处理的功能(如多媒体公告)。④在外部提供 RTP/IP 的媒体流连接和相关资源。⑤支持媒体流的处理功能(如音频的编解码转换和媒体分析)。

6. IMS-MGW

IMS 多媒体网关功能 IMS-MGW 提供 CS 网络和 IMS 之间的用户平面链路,它直接受 MGCF 的控制。它终结来自 CS 网络的承载信道和来自骨干网(例如,IP 网络中的 RTP 流或者 ATM 骨干网中的 AAL2/ATM 连接)的媒体流,执行这些终结之间的转换,并且在需要时为用户平面进行代码转换和信号处理。另外,IMS-MGW 能够提供音调和公告给 CS 用户。

7. MGCF

媒体网关控制功能 MGCF 是使 IMS 用户和 CS 用户之间可以进行通信的网关。所有来自 CS 用户的呼叫控制信令都指向 MGCF，它负责进行 ISDN 用户部分（ISUP）或承载无关呼叫控制（BICC）与 SIP 协议之间的转换，并且将会话转发给 IMS。类似地，所有 IMS 发起到 CS 用户的会话也经过 MGCF。MGCF 还控制与其关联的用户平面实体——IMS 多媒体网关 IMS-MGW 中的媒体通道，另外，MCCF 能够报告计费信息给 CCF。

8. PDF

PDF 根据 AF（Application Function，如 P-CSCF）的策略建立信息来决定策略。PDF 的基本功能包括：①支持来自 AF 的授权建立处理及向 GGSN 下发 SBLP 策略信息。②支持来自 AF 或者 GGSN 的授权修改及向 GGSN 更新策略信息。③支持来自 AF 或者 GGSN 的授权撤销及策略信息删除。④为 AF 和 GGSN 进行计费信息交换，支持 ICID 交换和 GCID 交换。⑤支持策略门控功能，控制用户的媒体流是否允许经过 GGSN，以便为计费和呼叫保持/恢复补充业务进行支撑。⑥指示的授权请求处理以及呼叫应答时授权信息的更新。

9. SGW

信令网关 SGW 用于不同信令网的互连，作用类似于软交换系统中的信令网关。SGW 在基于 No.7 信令系统的信令传输和基于 IP 的信令传输之间进行传输层的双向信令转换。SGW 不对应用层的消息进行解释。

10. BGCF

出口网关控制功能 BGCF 负责选择到 CS 域的出口的位置。所选择的出口既可以与 BC－CF 处在同一网络，又可以是位于另一个网络。如果这个出口位于相同网络，那么 BGCF 选择媒体网关控制功能（MGCF）进行进一步的会话处理；如果出口位于另一个网络，那么 BGCF 将会话转发到相应网络的 BGCF。另外，BGCF 能够报告计费信息给 CCF，并且收集统计信息。

11. AS

应用服务器 AS 是为 IMS 提供各种业务逻辑的功能实体，与软交换体系中的应用服务器的功能相同，这里就不进行更多的介绍了。

12. SEG

安全网关 SEG 是为了保护 IMS 域的安全而引入的，控制平面的业务流在进入或者离开安全域之前要先通过安全网关。安全域是指由单一管理机构管理的网络，一般来说，它的边界就是运营商的边界。SEG 放在安全域的边界，并且它针对目标安全域的其他 SEG 执行本安全域的安全策略。网络运营商可以在其网络中部署不止一个 SEG，以避免单点故障。

13. GPRS 实体

（1）DGGSN

GPRS 网关支持节点 GGSN 提供与外部分组数据网之间的配合。GGSN 的主要功能就是提供外部数据网与 UE 之间的连接,而基于 IP 的应用和服务位于外部数据网之中。例如,外部数据网可以是 IMS 或者 Internet。换句话,GGSN 将包含 SIP 信令的 IP 包从 UE 转发到 P-CSCF。另外,GGSN 负责将 IMS 媒体 IP 包向目标网络转发,例如,目标网络的 GGSN。所提供的网络互连服务通过接入点来实现,接入点与用户希望连接的不同网络相关。在大多数情况下,IMS 有其自身的接入点。当 UE 激活到一个接入点(IMS)的承载(PDP 上下文)时,GGSN 分配一个动态 1P 地址给 UE。这个 IP 地址在 IMS 注册并和 UE 发起一个会话时,作为 UE 的联系地址。另外,GGSN 还负责修正和管理 IMS 媒体业务流对 PDP 上下文的使用,并且生成计费信息。

(2)SGSN

GPRS 服务支持节点 SGSN 连接 RAN 和分组核心网。它负责为 PS 域进行控制和提供服务处理功能。控制部分包括移动性管理和会话管理两大主要功能。移动性管理负责处理 UE 的位置和状态,并且对用户和 UE 进行认证。会话管理负责处理连接接纳控制和处理现有数据连接中的任何变化,它也负责监督管理 3G 网络的服务和资源,而且还负责对业务流的处理。SG-SN 作为一个网关,负责用隧道来转发用户数据,即它在 UE 和 GGSN 之间中继用户业务流。作为这个功能的一部分,SGSN 也需要保证这些连接接收到适当的 QoS;另外,SGSN 还会生成计费信息。

(二)IMS 的接口

1.Gm 接口

Gm 接口用于连接 UE 和 P-CSCF 之间的通信,采用 SIP 协议,传输 UE 与 IMS 之间的所有 SIP 消息,主要功能包括:①IMS 用户的注册和鉴权;②IMS 用户的会话控制。

2.Cx 接口

Cx 接口用于 CSCF 与 HSS 之间的通信,采用 Diameter 协议。该接口主要功能包括:①为注册用户指派 S-CSCF。②CSCF 通过 HSS 查询路由信息。③授权处理,检查用户漫游是否许可。④鉴权处理,在 HSS 和 CSCF 之间传递用户的安全参数。⑤过滤规则控制,从 HSS 下载用户的过滤参数到 S-CSCF 上。

3.Dx 接口

Dx 接口用于 CSCF 和 SLF 之间的通信以及 AS 和 SLF 之间的通信。其中 CSCF 和 SI-JF 之间的通信,采用 Diameter 协议,通过该接口可确定用户签约数据所在的 HSS 的地址。

用于 AS 和 SLF 之间的通信的 Dx 接口提供以下功能:①从应用服务器中查询订购所在位置(HSS)的操作。②提供该 HSS 的名字给应用服务器的响应。

4.Mg 接口

Mg 接口用于 I-CSCF 与 MGCF 之间,采用 SIP 协议。当 MGCF 收到 CS 域的会话信令后,它将该信令转换成 SIP 信令,然后通过 Mg 接口将 SIP 信令转发到 I-CSCF。

5.Mr 接口

Mr 接口用于 CSCF 与 MRFC 之间的通信,采用 SIP,该接口主要功能是 CSCF 传递来自 SIPAS 的资源请求消息到 MRFC,由 MRFC 最终控制 MRFP 完成与 IMS 终端用户之间的用户面承载建立。

6. Mb 接口

通过 Mb 接口,IPv6 网络服务可以被接入。这些 IPv6 网络服务被用来传输用户数据的。值得注意的是,GPRS 提供 IPv6 网络服务给 UE,也就是说,GPRS Gi 接口和 IMS Mb 接口可能是相同的。

7. Mp 接口

Mp 接口用于 MRFC 与 MRFP 之间的通信,采用 H,248 协议。MRFC 通过该接口控制 MRFP 处理媒体资源,如放音、会议、DTMF 收发等资源。

8. Mw 接口

Mw 接口用于连接不同 CSCF,采用 SIP 协议,该接口的主要功能是在各类 CSCF 之间转发注册、会话控制及其他 SIP 消息。

9. Mi 接口

Mi 接口用于 BGCF 与 CSCF 之间,采用 SIP 协议。该接口主要功能是在 IMS 网络和 CS 域互通时,在 CSCF 和 BGCF 之间传递会话控制信令。

10. Mj 接口

Mj 接口用于 BGCF 与 MGCF 之间,采用 SIP 协议。该接口主要功能是在 IMS 网络和 CS 域互通时,在 BGCF 和 MGCF 之间传递会话控制信令。

11. Mk 接口

Mk 接口用于 BGCF 与 BGCF 之间的通信,采用 SIP 协议。该接口主要用于 IMS 用户呼叫 PSTN/CS 用户,而其互通节点 MGCF 与主叫 S-CSCF 不在 IMS 域时,与主叫 S-CSCF 在同一网络中的 BGCF 将会话控制信令转发到互通节点 MGCF 所在网络的 BGCF。

12. Mm 接口

Mm 接口用于 CSCF 与其他 IP 网络之间,负责接收并处理一个 SIP 服务器或终端的会话请求。

13. ISC 接口

ISC 接口用于 CSCF 与 AS 之间,采用 SIP 协议。该接口用于传送 CSCF 与 AS 之间的 S1P 信令,为用户提供各种业务。

14. Sh 接口

应用服务器(SIP 应用服务器/OSA 业务能力服务器/IM-SSF)会与 HSS 通信。Sh 接口作用就在于此。

15. Si 接口

Si 接口是 HSS 与 IM-SSF 间的接口,它用于传输 CAMEL 订购信息,该信息包括从 HSS 到 IM-SSF 的触发器。使用 MAP(移动应用部分)。

16. Ut 接口

Ut 接口位于 UE 与 SIP 应用服务器(AS)之间,Ut 接口使得用户能够安全地管理和配置它在 AS 上的与网络服务相关的信息,用户使用 Ut 接口创建和分配公共服务身份(PSI),用于呈现业务,会议策略管理等的认证策略管理。AS 可能需要为 Ut 提供安全保障。Ut 接口使用的是 HTTP。

三、IMS 的安全技术

1. 认证

用户与 IMS 网络的相互认证是在用户注册的过程中完成的,认证采用的机制是 IMSA-KA,流程完全类似于 UMTS 的 AKA。这个认证是基于存在于 ISIM 和 HSS 内的认证密钥进行的。在 AKA 过程中将会产生一对加密和完整性密钥,这两个密钥是用于 UE 和 P-CSCF 之间加密和完整化保护的会话密钥。

2. 完整性保护

在 IMS 中,采用 IPsec ESP 为 UE 和 P-CSCF 之间的 SIP 信令提供完整性保护,它应用于 UE 和 P-CSCF 之间的 Gm 接口,同时保护 IP 上的所有信令,它以传输模式完成完整性保护,提供以下机制:①UE 和 P-CSCF 将协商会话中使用的完整性保护算法。②UE 和 P-CSCF 将就安全联盟达成一致,该安全联盟包含完整性保护算法所使用的完整性密钥。③UE 和 P-CSCF 都会验证所收到的数据,验证数据是否被篡改过。④减轻重放攻击和反射攻击。

3. SA 协商

SA 协商是指两个实体间的一种关系,这种关系定义它们如何使用安全服务来保证通信的安全,这包括使用什么样的安全协议、采用什么安全算法来进行加密以及完整化保护等。

4. 接入网安全

主要是利用 IPSecESP 传输模式来对 UE 和 P-CSCF 之间的信令和消息进行强制的完整化保护以及可选的加密保护。

5. 网络域的安全

IMS 网络域的安全使用 hop-by-hop 的安全模式,对网络实体之间的每一个通信进行单独的保护,保护措施用的是 IPSec ESP,协商密钥的方法是 IKE。

6. 网络拓扑结构的隐藏

对于运营商而言,网络的运作细节是敏感的商业信息,运营商不太可能与他们的竞争对手共享这些信息。然而在某些情况下,这些信息的共享是必需的。因此,运营商可决定是否需要隐藏其网络内部拓扑,包括隐藏 S-CSCF 的容量、S-CSCF 的能力,网络隐藏机制是可选的。

归属网络中的所有 I-CSCF 将共享一个加密和解密密钥 KV。如果使用这个机制,则运营商操作策略声明的拓扑将被隐藏,当 I-CSCF 向隐藏网络域的外部转发 SIP 请求或响应

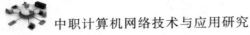中职计算机网络技术与应用研究

时,它将加密这些隐藏的信息单元。这些隐藏的信息单元是 SIP 头的实体,如途径(Via)、记录路由(Re-cord-Route)、路由(Route)和路径(Path),它们包含了隐藏网络 SIP 代理的地址。当 I-CSCF 从隐藏网络域外收到一个 SIP 请求或响应时,I-CSCF 将解密被本隐藏网络域的 I-CSCF 加密的信息单元。P-CSCF 可能收到一被加密的路由信息,但 P-CSCF 没有密钥解密它们。

参考文献

[1]谢赞忠.计算机基础项目教程[M].南昌:江西高校出版社,2017.07.

[2]刘军,王凤丽.计算机应用技术[M].西安:西安交通大学出版社,2017.05.

[3]焦计划.Axure RP案例教程[M].广州:暨南大学出版社,2017.06.

[4]李长云,王志兵.智能感知技术及在电气工程中的应用[M].成都:电子科技大学出版社,2017.05.

[5]王协瑞.计算机网络技术(第3版)[M].北京:高等教育出版社,2018.08.

[6]袁春华,王洁松.高职计算机应用实验教程与习题[M].成都:电子科技大学出版社,2018.01.

[7]李华平.计算机应用基础[M].济南:山东科学技术出版社,2018.09.

[8]张文政,耿秀华,周宇.网络中的信任管理体系[M].北京:国防工业出版社,2018.12.

[9]罗熹,安莹.内容中心网络的缓存技术研究[M].西安:西安交通大学出版社,2018.10.

[10]马志善,赵素霞.网络设备配置与实训[M].济南:济南出版社,2018.01.

[11]王晓红,曹晚红.中国网络视频年度案例研究[M].北京:中国传媒大学出版社,2018.12.

[12]庞津.医学计算机应用[M].北京:中国医药科技出版社,2018.08.

[13]吕红军,李梅.中小学信息技术的迭代及应用[M].青岛:中国海洋大学出版社,2018.12.

[14]张峰.计算机网络技术实训基础[M].济南:济南出版社,2019.03.

[15]马建普,顾显明,刘庆祥.计算机应用基础·中高职[M].上海:上海交通大学出版社,2019.01.

[16]赵琦琳,施择,铁程.人工神经网络在环境科学与工程中的设计应用[M].北京:中国环境出版社,2019.03.

[17]张博.网络交换技术[M].北京:北京邮电大学出版社,2019.08.

[18]唐启焕,覃志奎.中职学校信息化发展的策略研究[M].北京:北京理工大学出版社,2019.08.

[19]刘修文.物联网技术应用智能家居[M].北京:机械工业出版社,2019.05.

[20]李广军,崔继仁.PLC在地铁设备中的应用[M].成都:西南交通大学出版社,2019.08.

[21]王雨华,马彪.辽宁信息技术职业教育集团电子信息技术课程标准[M].北京:北京理工大学出版社,2019.04.

[22]亓婧,范国娟.Red Hat Enterprise Linux7[M].北京:中国轻工业出版社,2020.06.

[23]胡晓艳.信息中心网络传输性能优化及安全探讨[M].南京:东南大学出版社,2020.10.

[24]王玲.Java 面向对象程序设计[M].北京:北京邮电大学出版社,2020.07.

[25]张婷.人工智能在艺术设计中的应用[M].北京:中国铁道出版社,2020.06.

[26]任占文.中国原生新媒体演进 基于技术创新的历史观察[M].上海:上海大学出版社,2020.11.

[27]李克东,李运林,王珠珠.改革开放以来中国电化教育(教育技术)第一故事[M].兰州:兰州大学出版社,2020.09.

[28]牟应华,陈玉.三菱 PLC 项目式教程[M].北京:机械工业出版社,2020.01.

[29]郑娅峰.人工智能视域下机器学习在教育研究中的应用[M].北京:中国经济出版社,2020.01.

[30]张宜.数据中心网络布线系统工程应用技术[M].上海:上海交通大学出版社,2021.12.

[31]赵东.移动群智感知网络中的数据收集与激励机制[M].北京:北京邮电大学出版社,2021.08.

[32]林亚光.移动社交网络中信息传播建模与调控方法[M].西安:西安电子科学技术大学出版社,2021.12.

[33]周济,王东.中国战略性新兴产业研究与发展·电子信息功能材料[M].北京:机械工业出版社,2021.12.